Benjamin Göttel

Millimeterwellen On-Chip Antennensysteme für die Integration in SoC Applikationen

Karlsruher Forschungsberichte
aus dem Institut für Hochfrequenztechnik und Elektronik

Herausgeber: Prof. Dr.-Ing. Thomas Zwick

Band 86

Eine Übersicht aller bisher in dieser Schriftenreihe erschienenen Bände finden Sie am Ende des Buches.

Millimeterwellen On-Chip Antennensysteme für die Integration in SoC Applikationen

von
Benjamin Göttel

Scientific Publishing

Dissertation, Karlsruher Institut für Technologie
KIT-Fakultät für Elektrotechnik und Informationstechnik

Tag der mündlichen Prüfung: 21. Dezember 2016
Referenten: Prof. Dr.-Ing. Thomas Zwick
Prof. Dr.-Ing. Lorenz-Peter Schmidt

Impressum

Scientific Publishing

Karlsruher Institut für Technologie (KIT)
KIT Scientific Publishing
Straße am Forum 2
D-76131 Karlsruhe

KIT Scientific Publishing is a registered trademark
of Karlsruhe Institute of Technology.
Reprint using the book cover is not allowed.

www.ksp.kit.edu

Print on Demand 2017 – Gedruckt auf FSC-zertifiziertem Papier

ISSN 1868-4696
ISBN 978-3-7315-0667-6
DOI 10.5445/KSP/1000069365

Vorwort des Herausgebers

Die enormen technologischen Fortschritte der letzten Jahrzehnte ermöglichen die Nutzung von Millimeterwellenfrequenzen für Massenanwendungen wie z.B. Automobilradar, Industriesensorik, Hochgeschwindigkeitsfunkkommunikation oder Medizintechnik. Neben neuartigen aber gleichzeitig kostengünstigen Aufbau- und Verbindungstechnologien sind insbesondere die immer schneller werdenden Halbleitertechnologien (SiGe, CMOS, GaAs, GaN, InP usw.) essentiell für die Realisierung von kostengünstigen und kleinen Millimeterwellenmodulen. Den wesentlichen limitierenden Faktor bei allen Halbleitertechnologien stellt dabei die verfügbare Ausgangsleistung dar. Schnellere Halbleiter erfordern kleinere Strukturen, was gleichzeitig zu geringeren Durchbruchspannungen führt. Daraus ergibt sich eine immer kleiner werdende verfügbare Ausgangsleistung zu höheren Frequenzen hin. Ist die größte erreichte Ausgangsleistung bei 100 GHz in GaN-Technologie noch 1 Watt, so sind es bei 200 GHz nur noch knapp über 100 mW bei einem InP HBT Verstärker. In Silizium, der Technologie, die mit Abstand die größte Integrationsfähigkeit besitzt, liegen die verfügbaren Ausgangsleistungen deutlich darunter. Um die Ausgangsleistung eines Verstärkers über die maximal Verfügbare eines einzelnen Transistors hinaus zu steigern, werden mehrere Transistoren parallel geschaltet. Die Verluste des verwendeten Verteilnetzwerks limitieren hierbei die Parallelisierung, da diese Verluste mehr als linear mit der Zahl der Verstärker steigen. Dies liegt an den immer länger werdenden Leitungen aber auch an der Problematik, dass die Verstärker typischerweise niederohmig sind und mit dem Verteilnetzwerk an den gemeinsamen Anschluss angepasst werden müssen. Durch die Parallelisierung wird der Impedanzunterschied weiter vergrößert, was wiederum die Bandbreite der Schaltung reduziert. Genau an diesem Punkt setzt die Arbeit von Herrn M.Sc. Benjamin Göttel an.

Seine Idee, diese Problematik zu lösen, ist die Kombination der Signale der parallelen Endstufen direkt im abstrahlenden Antennenelement. Wichtig ist dabei, dass sich ein gemeinsames Phasenzentrum für alle eingespeisten Signale ergibt, da die Antenne so auch mit einer Linse kombiniert werden kann, was bei Frequenzen oberhalb 100 GHz sehr oft der Fall sein wird. Die von Herrn Göttel vorgestellten Antennen können direkt an die Ausgangsimpedanz der Verstärker angepasst werden, wodurch sich die Verluste weiter reduzieren und sehr große Bandbreiten möglich werden. Die von ihm dazu entwickelte Aufbautechnik ermöglicht sehr breitbandige miniaturisierte Funksysteme, die komplett mit Linse in SMD lötbaren Gehäusen integriert werden.

Die neuartigen Konzepte von Herrn Göttel zur Leistungskombination im Antennenelement selbst verbessern den Stand der Technik erheblich und ermöglichen die Realisierung vieler neuartiger Millimeter- und Submillimeterwellensysteme für unterschiedliche Anwendungen in kompakter Bauform. Ich bin mir sicher, dass seine Ansätze von vielen Wissenschaftlern weltweit aufgegriffen und weiterentwickelt werden. Herrn Göttel wünsche ich, dass seine Kreativität und sein großes Organisationstalent ihn auch weiterhin zu wissenschaftlichen und wirtschaftlichen Erfolgen führen wird.

Prof. Dr.-Ing. Thomas Zwick
– Institutsleiter –

Millimeterwellen On-Chip Antennensysteme für die Integration in SoC Applikationen

Zur Erlangung des akademischen Grades eines

DOKTOR-INGENIEURS

von der Fakultät für

Elektrotechnik und Informationstechnik
am Karlsruher Institut für Technologie (KIT)

genehmigte

DISSERTATION

von

M.Sc. Benjamin Göttel

aus Schwäbisch Hall

Tag der mündlichen Prüfung:	21.12.2016
Hauptreferent:	Prof. Dr.-Ing. Thomas Zwick
Korreferent:	Prof. Dr.-Ing. Lorenz-Peter Schmidt

Zusammenfassung

Die vorliegende Arbeit befasst sich mit Kommunikations- und Radarsystemen bei Betriebsfrequenzen oberhalb 100 GHz. Aufgrund der Miniaturisierung aller hochfrequenten Bauteile mit steigender Frequenz, lassen sich komplette Systeme auf einem einzelnen IC realisieren, man spricht dabei von einem System-on-Chip (SoC). Um den höchsten Integrationsgrad zu erreichen, wird in dieser Arbeit ein Antennentyp verwendet, welcher zur Implementierung auf einem Halbleiter-Substrat geeignet ist. Es lassen sich somit Systeme realisieren, bei denen die hochfrequenten Signale ausschließlich auf dem IC erzeugt und verarbeitet werden und dadurch keine zusätzlichen Millimeterwellenverbindungen zu weiteren Komponenten benötigt werden. Die Ein- und Ausgangssignale des ICs liegen dabei in Frequenzbereichen von einigen GHz, welche mit kommerziell erhältlichen Bauteilen erzeugt und ausgewertet werden können.

In der Einleitung werden die Vor- und Nachteile von Systemen im Millimeterwellenbereich erläutert. Am Stand der Technik in Kapitel 2 wird untersucht, welche Arten der Gehäuseintegration und welche Antennentypen für SoCs im Millimeterwellenbereich angewendet werden können. Letztendlich wird aufgezeigt, dass integrierte Linsenantennen (ILAs) mit die höchste Abstrahleffizienz und Bandbreite aller bekannten Antennentypen aufweisen. Innerhalb dieser Arbeit wird ein ILA-System für ein Amplitudenmonopuls-Radar um 122 GHz demonstriert. Zusätzlich wird ein ILA-System für ein Zweikanal Radar-SoC untersucht, welches mit Hilfe einer in dieser Arbeit untersuchten Aufbautechnik zu einem voll funktionsfähigen FMCW- und CW-Radarsensor aufgebaut wird. Die Aufbautechnik wird in Kapitel 3 zunächst simulativ hinsichtlich ihrer thermischen, elektrischen und mechanischen Eigenschaften untersucht und in Kapitel 4 anhand des Zweikanal Radarsensors messtechnisch charakterisiert.

Für Kommunikationssystcmc wird die Besonderheit ausgenutzt, dass der Sender und Empfänger in getrennten SoCs integriert werden kann. Dadurch kann die Sendeantenne direkt an den vorgeschalteten Sendeverstärker angeschlossen werden, um Leitungsverluste zu minimieren. Um die limitierte Ausgangsleistung eines Einzelverstärkers im Millimeterwellenbereich zu erhöhen, werden in dieser Arbeit parallelisierte Verstärkerstufen verwendet. Es werden verschiedenen Konzepte zur Leistungskombination untersucht und abschließend gezeigt, dass die Leistungskombination mittels den in dieser Arbeit untersuchten mehrfach gespeisten Primärstrahlern einer ILA die höchste Kombinationseffizienz aufweisen. Zusätzlich führt dies zum Wegfall der traditionellen Kombinationsnetzwerke von parallelisierten Leistungsverstärkern und damit zu Platzeinsparungen auf dem SoC. Letztendlich wird ein solcher mehrfach gespeister Primärstrahler in einem 240 GHz Kommunikations-SoC integriert und eine Datenübertragung von 30 Gbit/s demonstriert.

Vorwort

Diese Dissertation entstand während meiner Tätigkeit als wissenschaftlicher Mitarbeiter am Institut für Hochfrequenztechnik und Elektronik (IHE) des Karlsruher Institut für Technologie (KIT). Die Zeit am Institut wird mir mit Sicherheit immer in guter Erinnerung bleiben und ich möchte mich beim gesamten Kollegium des IHE für die tolle Arbeitsatmosphäre bedanken.
Ein besonderer Dank geht an meinen Hauptreferenten und Institutsleiter Prof. Thomas Zwick, der mir die Möglichkeit gegeben hat, diese Arbeit durch ein flexibles und vielseitiges Arbeitsumfeld zu ermöglichen und durch seine positiven Anregungen zum Gelingen dieser Arbeit beigetragen hat. Ebenfalls danken möchte ich meinem Korreferent Prof. Lorenz-Peter Schmidt für den sehr angenehmen Besuch in Erlangen und die konstruktiven Anregungen vor und nach meiner mündlichen Prüfung.
Die in dieser Arbeit erzielten Forschungsergebnissen wurden hauptsächlich innerhalb des DFG-Projektes *Real100G.RF - A Fully Integrated, Multi-Purpose Radio Front-End for Wireless 100 Gbit/s* und des BMBF-Projektes *Hochintegriertes miniaturisiertes Radarmodul zum hochflexiblen Einsatz in Fluggeräten, Robotik und in Produkten der Konsumelektronik* erzielt. Ich möchte mich bei allen beteiligten Projektpartnern bedanken, insbesondere bei Stefan Malz vom Institute for High-Frequency and Communication Technology der Bergischen Universität Wuppertal für die enge Zusammenarbeit und den Verstärkerentwurf. Ein zusätzlicher Dank geht an die Mitarbeiter Dr. Chafik Meliani und Prof. Dietmar Kissinger der IHP GmbH für alle Fragen und Hilfestellungen zum SiGe IC-Design. Recht herzlich bedanken möchte ich mich auch bei Anja Bölicke und Dr. Wolfgang Winkler der Silicon Radar GmbH, mit denen auch über die gemeinsamen Projekte hinaus eine sehr enge Kooperation entstand.
Ein weiterer Dank geht an meine Kollegen Heiko Gulan, Tobias Mahler, Philipp Pahl, Mario Pauli und Christian v. Vangerow für die Durchsicht meines Manuskripts und des Promotionsvortrages.

Zuletzt möchte ich meiner Familie und meinen Freunden danken, die mich bereits vor dieser Arbeit stetig unterstützt haben und einen großen Anteil am Gelingen dieser Arbeit haben. Insbesondere bedanke ich mich bei meinen Eltern und meiner Schwester, auf die ich mich auf meinem gesamten Lebensweg verlassen konnte. Bei meiner Freundin Elke bedanke ich mich für die nötige Ablenkung und die Unterstützung während der gesamten Zeit meiner Promotion.

Im Dezember 2016,
Benjamin Göttel

Inhaltsverzeichnis

Abkürzungen und Symbole

Abkürzungen

802.11	IEEE-Normen für WLAN
AD	Analog-Digital
ADS	Simulationssoftware Keysight Advanced Design Studio
AF	Amplitudenfehler
AN	Antenne
AS	Anpassschicht einer ILA
AUT	Testantenne (engl. Antenna Under Test)
AWGN	Kanal mit additivem weißem gaußschem Rauschen (engl. Additive White Gaussian Noise)
BCB	Benzocyclobutene
BEOL	Lagenaufbau zur Verdrahtung von Komponenten auf dem IC (engl. Back-End-of-Line)
BiCMOS	Bipolare- und CMOS-Technologie auf einem IC
BMBF	Bundesministerium für Bildung und Forschung
bzgl.	bezüglich
bspw.	beispielsweise
CNC	Verfahren zur Steuerung von Werkzeugmaschinen (engl. Computerized Numerical Control)
CPW	Koplanare Streifenleitung (engl. Coplanar Waveguide)
CST	Simulationssoftware CST Microwave Studio
CW	Radarverfahren (engl. Continous Wave)
D-Band	Frequenzband von 110 - 170 GHz
DC	Gleichstrom (engl. Direct Current)
d. h.	das heißt
DFG	Deutsche Forschungsgemeinschaft
DT	Verteilter Transformator (engl. Distributed Transformer)

E-Band	Frequenzband von 60 - 90 GHz
eWLB	Gehäusetyp auf Waferebene (engl. Embedded Wafer Level Ball Grid Array)
FFT	Fourier-Transformation (engl. Fast Fourier Transform)
FMCW	Frequenzmoduliertes Radarverfahren (engl. Frequency Modulated Continous Wave)
FR-4	Substratmaterial aus Epoxidharz (engl. Flame Retardant)
Full HD	Vollständig hochauflösend (engl. Full High Definition)
GaAs	Gallium Arsenid
H.264, H.265	Standards zur Videokompression
H-Band	Frequenzband von 220 - 325 GHz
HBT	Heterojunction Bipolar Transistoren
HF	Hochfrequenz
i. A.	im Allgemeinen
IC	Integrierter Schaltkreis (engl. Integrated Circuit)
i. d. R.	in der Regel
IEEE	Institute of Electrical and Electronics Engineers
ILA	Integrierte Linsenantenne (engl. Integrated Lens Antenna)
InP	Indiumphosphid
IPC	Association Connecting Electronics Industries
IQ	Inphase-Quadratur
ITU	Internationale Fernmeldeunion (engl. International Telecommunication Union)
ISM	Industrial, Scientific and Medical Band
konst.	konstant
LBE	Prozess zum gezielten Wegätzen des Siliziumsubstrats (engl. Localized Backside Etching)
LCP	Flüssigkristallpolymer (engl. Liquid Crystal Polymer)
LGA	Gehäusetyp zur Oberflächenmontage (engl. Land Grid Array)
LNA	Rauscharmer Verstärker (engl. Low Noise Amplifier)
LO	Lokaloszillator
LOS	Sichtverbindung (engl. Line of Sight)
LTE	Mobilfunkstandard 4G (engl. Long Term Evolution)
LTCC, HTCC	Verfahren für Mehrlagenplatinen (engl. Low, High Temperature Cofired Ceramic)

MCU	Mikrocontroller (engl. Micro Controller Unit)
MIM	Kapazität im Halbleiter-BEOL (engl. Metal-Insulator-Metal)
OFDM	Orthogonales Frequenzmultiplexverfahren (engl. Orthogonal Frequency-Division Multiplexing)
OSI	Referenzmodell für Netzwerkprotokolle (engl. Open Systems Interconnection)
PA	Leistungsverstärker (engl. Power Amplifier)
PAL	Bitübertragungsschicht (engl. Physics Abstraction Layer)
PCB	Leiterplatte (engl. Printed Circuit Board)
PCI Express	Standard zur Verbindung von Peripheriegeräten
PF	Phasenfehler
PLL	Phasenregelschleife (engl. Phase Locked Loop)
PSK	Modulationsverfahren (engl. Phase Shift Keying)
PTFE	Polytetrafluorethylen
QAM	Quadraturamplitudenmodulation
QFN	Gehäusebauform für ICs (engl. Quad Flat No Leads Package)
QPSK	Quadraturphasenumtastung (engl. Quadrature Phase-Shift Keying)
REM	Rasterelektronenmikroskop
RoHS	Beschränkung gefährlicher Stoffe (engl. Restriction of Hazardous Substances)
SATA	Computer-Schnittstelle (engl. Serial AT Attachment)
SiGe	Silizium Germanium
SiO_2	Siliziumdioxid
SMD	Gehäusekonzepte zur Oberflächenmontage (engl. Surface Mountable Device)
SoC	Integriertes System auf einem Chip (engl. System-on-Chip)
SPI	Serielles Bussystem (engl. Serial Peripheral Interface)
SSPA	Leistungsverstärker (engl. Solid State Power Amplifier)
STM32	Mikrocontroller Familie der Firma ST Microeletronics
TDD	Zeitduplex (engl. Time Division Duplex)
TP	Tiefpassfilter
TSV	Durchkontaktierungen durch das Siliziumsubstrat (engl. Through Silicon Via)
u. a.	unter anderen/m

u. U.	unter Umständen
USB 3.0	Serielles Bussystem (engl. Universal Serial Bus)
usw.	und so weiter
UWB	Ultrabreitband Technologie (engl. Ultra-Wide Band)
VCO	Spannungsgesteuerter Oszillator (engl. Voltage Controlled Oscillator)
VGA	Variabler Verstärker (engl. Variable Gain Amplifier)
versch.	verschiedene
WLAN	Drahtloses Netzwerk (engl. Wireless Local Area Network)
WR3	Hohlleitergröße für den H-Band Frequenzbereich
z. B.	zum Beispiel
zus.	zusätzlich

Mathematische und physikalische Konstanten

$c_0 = 299\,792\,458\,\mathrm{m/s}$	Lichtgeschwindigkeit im Vakuum
$e = 2,71828\ldots$	Eulersche Zahl
$h = 6{,}62606896 \cdot 10^{-34}\,\mathrm{Js}$	Planckscches Wirkungsquantum
$\varepsilon_0 = 8{,}85418 \cdot 10^{-12}\,\mathrm{As/Vm}$	Elektrische Feldkonstante
$j = \sqrt{-1}$	Imaginäre Einheit
$k_\mathrm{B} = 1{,}38065 \cdot 10^{-23}\,\mathrm{J/K}$	Boltzmann-Konstante
$\mu_0 = 1{,}25663 \cdot 10^{-16}\,\mathrm{N/A^2}$	Magnetische Feldkonstante
$\pi = 3{,}14159$	Kreiszahl

Lateinische Buchstaben

a	Hauptachse einer Ellipse
A	Abstand zur Metallfläche
A_E	Emitterfläche eines Transistors
b	Nebenachse einer Ellipse
BER	Bitfehlerrate
BW	Bandbreite
c	Ausbreitungsgeschwindigkeit
C	Kanalkapazität

C_e	Emitter-Kapazität eines Transistors
d	Distanz zwischen 2 Verstärkern
D	Direktivität der Antenne
D_{ges}	Direktivität der Antennengruppe
d_{AUTs}	Abstand der AUTs
d_{AS}	Dicke der Anpassschicht einer ILA
d_{fern}	Fernfeldabstand
D_{max}	Länge der Hornantenne
d_s	Länge bzw. Durchmesser des Schlitzes
Δf_{off}	Speisepunktverschiebung der Kreuzdipol-Ersatzantenne
Div	Ausgangssignal des Frequenzteilers
F	Fokuspunkt einer Linse
f	Frequenz
$f_{c,max(-0,5dB)}$	obere -0,5 dB Grenzfrequenz
$f_{c,min}$	untere Grenzfrequenz des Schlitzes
f_{fern}	maximale Frequenz zur Berechnung des Fernfeldabstandes
f_m	Mittenfrequenz eines Frequenzspektrums
f_{max}	maximale Oszillationsfrequenz eines Transistors
f_t	Transitfrequenz eines Transistors
g_m	Steilheit des Transistors
FD	Freiraumdämpfung
G	Antennengewinn
G_{RX}	Antennengewinn der Empfangsantenne
G_{TX}	Antennengewinn der Sendeantenne
h	Abstand einer Streifenleitung zur Massefläche
l	physikalische Länge einer Leitung
$L_{C,ges}$	Verluste des Kombinationsnetzwerks
L_{ges}	zusätzliche Verluste (Fehlanpassung, etc.)
L_A	Verluste einer anzuschließenden Antenne
L_C	Verluste eines Kopplers, T-Verzweigung, etc.
L_D	Linsendurchmesser
L_L	Leitungsverluste
N	Anzahl an Ausgängen des Speiserings
N_{DT}	Anzahl an Ausgängen des DT
N_P	Anzahl an parallelisierten Verstärkern

n_{x}	Anzahl an Einzelstrahlern
NF	Rauschzahl
P_{ein}	Eingangsleistung des Speiserings
P_{dev}	Ausgangsleistung eines einzelnen Verstärkers
P_{diel}	Leistung innerhalb des Dielektrikums
P_{out}	Gesamte Ausgangsleistung
P_{Ph1}	Phasenzentrum des ersten Primärstrahlers
P_{Ph2}	Phasenzentrum des zweiten Primärstrahlers
P_{rausch}	Rauschleistung
$P_{\mathrm{r,min}}$	minimale detektierbare Empfangsleistung
P_{total}	Gesamte eingespeiste Leistung
P_{TX}	Sendeleistung
r	Länge
R_{max}	maximale Reichweite
$R_{\mathrm{max,K}}$	maximale Reichweite des Kommunikationssystems
r_{E}	Achsenverhältnis der Empfangsantenne
$r_{\mathrm{S}}(f)$	Achsenverhältnis der Sendeantenne (frequenzabhängig)
Res	reeller Widerstand
RG	realisierter Antennengewinn
RG_{copol}	realisierter Antennengewinn der Kopolarisation
RG_{xpol}	realisierter Antennengewinn der Kreuzpolarisation
S/N	Signal- zu Rauschverhältnis
S_{xx}	Reflexionsfaktor am Tor x
S_x	Signal x
Tx	Tor x eines Zweitors
T_{a}	Temperatur zur Berechnung der Rauschleistung
T_{N}	Ausgangs-Tor des N-ten Speiseringausgangs
U	Anzahl der Übertragungskanäle
V_{CC}	Betriebsspannung einer Verstärkerschaltung
V_{coarse}	ungeregelte Steuerspannung des VCO
V_{fine}	geregelte Steuerspannung des VCO
w	Signalleiterbreite einer Streifenleitung
Z_{aus}	charakteristische Impedanz einer Streifenleitung
$Z_{\mathrm{aus,DT}}$	charakteristische Impedanz einer Ausgangs-Streifenleitung
Z_{ein}	charakteristische Impedanz einer Streifenleitung

$Z_{\text{ein,DT}}$	charakteristische Impedanz der Eingangs-Streifenleitung
Z_x	charakteristische Impedanz Z einer Streifenleitung x
$Z_{\text{x}i}$	charakteristische Impedanz Z_{x} einer Streifenleitung i
$ZF_{\text{Rx}i}$	Zwischenfrequenzsignal i

Griechische Buchstaben

β	Ausbreitungskonstante
η	Antenneneffizienz
$\eta_{\text{ILA,ges}}$	Effizienz einer ILA
η_{a}	Apertureffizienz einer ILA
η_{p}	Polarisationseffizienz einer ILA
η_{s}	Spillover-Effizienz einer ILA
η_{tr}	Transmissionseffizienz einer ILA
ε_{r}	Permittivität eines Mediums
$\Gamma_{\text{PV,max/min}}(f)$	minimale und maximale Polarisationsverluste
λ	Wellenlänge
λ_0	Freiraumwellenlänge
$\lambda_{\text{c,min}}$	Wellenlänge bei der unteren Grenzfrequenz des Schlitzes
λ_{th}	thermische Leitfähigkeit
$\lambda_{\varepsilon\text{r}}$	Wellenlänge im Medium
ω	Kreisfrequenz ($= 2\pi f$)
ρ_{E}	Verhältnis des Achsenverhältnisses der Empfangsantenne
$\rho_{\text{S}}(f)$	Verhältnis des Achsenverhältnisses der Sendeantenne (frequenzabhängig)
σ	Metallleitfähigkeit
σ_{r}	Rückstreuquerschnitt des Ziels
Φ	Elevationswinkel im Kugelkoordinatensystem
Θ	Azimuthwinkel im Kugelkoordinatensystem

1 Einleitung

Beim erstmaligen experimentellen Nachweis von elektromagnetischen Wellen im Jahr 1888 durch Heinrich Hertz wurden Frequenzen von einigen 100 MHz detektiert. Betrachtet man das gesamte elektromagnetische Frequenzspektrum, umfasst dieses einen weitaus größeren Bereich von 3 Hz bis 30 EHz. Innerhalb dieses Spektrums behandelt die vorliegende Arbeit Methoden zur Erhöhung der Performanz von Kommunikations- und Radarsystemen im Millimeterwellenbereich. Laut IEEE-Richtlinie [IEE03] umfasst dieser Bereich das Frequenzspektrum zwischen 30 GHz und 300 GHz, wobei ab 275 GHz von der ITU keine Frequenzregulierungen mehr vorliegen. Lange Zeit war dieser Frequenzbereich weitestgehend ungenutzt, da keine kommerziell erhältlichen Halbleiter-Technologien verfügbar waren, welche Frequenzen in diesem Spektrum erzeugen oder empfangen hätten können. Die rasanten Entwicklungen in den letzten Jahrzehnten auf dem Gebiet der Halbleiter-Technologien ermöglichen nun auch kostengünstige Schaltungen in diesen Frequenzbereichen für die Konsumelektronik und für den industriellen Einsatz.

1.1 Motivation dieser Arbeit

Besonders Kommunikations- und Radarsysteme erwecken das Interesse in einer Vielzahl von Anwendungsmöglichkeiten im Heimbereich, wie auch im industriellen Umfeld. Die höchsten Bandbreiten im Bereich der Kommunikationssysteme für die Konsumelektronik erfordern i. d. R. Videosignale. Ohne zusätzliche Kompressionsverfahren erfordert eine Full HD Übertragung in 1080p / 24 bit / 60 Hz ca. 3 Gbit/s an Übertragungsrate. Bei kommenden Formaten mit 2160p / 24 bit / 60 Hz und 4320p / 24 bit / 120 Hz wird diese Datenrate auf bis zu 24 Gbit/s ansteigen. Da diese HD-Formate noch nicht das Ende der Qualitätsskala darstellen, steigt die Anforderung an die Übertragungsrate mit der Einführung eines jeden neuen Standards. Unter Einbußen der Qualität kann mit geeigneten Kompressionstechniken heutzutage noch der am weitesten verbreiteten WLAN Standard nach 802.11n oder 802.11ac für die drahtlose Übertragung verwendet werden, für die kommenden Full-HD Formate wird dies immer schwieriger. Im Falle einer sehr guten Kompressionstechnik ohne merkliche Qualitätsverluste, wie bspw. H.264 oder H.265 Encoder, kann die Datenrate deutlich gesenkt werden. Allerdings steigt der Hardwareaufwand (Encoder und Decoder) und damit die Kosten einer solchen Lösung. Ein Übertragungssystem mit hoher Datenrate ist daher vielversprechend, um ohne Kompressionsverfahren Videoinhalte übertragen zu können. Ein weiteres Feld mit Anforderungen an hohe Datenraten sind mit Übertragungsstandards wie USB 3.0, SATA und PCI Express gegeben. In der finalen Ausbaustufe ist geplant, dass USB 3.0 Datenraten von bis zu 10 Gbit/s erreicht, die SATA Schnittstelle wird mit dem Einsatz von immer schnelleren Speichermedien ebenfalls ständig erweitert und ist derzeit mit maximalen Datenraten von 16 Gbit/s geplant. Die PCI Express Schnittelle wird im Jahr 2017 mit dem Standard PCIe 4.0 x32 eine Datenrate von 63 Gbit/s erreichen. Für all diese Verfahren der drahtgebundenen Übertragung kann eine drahtlose Übertragung zu einem mobilen Endgerät, bei der der Übertragungskanal eine höhere Bandbreite aufweist, als das Übertragungssystem selbst bereitstellen kann, ein neues Maß an Flexibilität bieten. Dass dies keine reine Zukunftsmusik ist, zeigen Systeme im Millimeterwellenbereich im 57 - 64 GHz ISM-Band bereits heute. Der IEEE 802.11ad WiGig und der WirelessHD Standard zielen auf eine drahtlose Kommunikation über kurze Distanzen mit hoher Datenrate ab. Der WiGig Standard erweitert dabei die 802.11 Familie. Er arbeitet mit vier Kanälen mit je 2,16 GHz Bandbreite innerhalb des 60 GHz ISM-Bands und ermöglicht mit einer OFDM-Modulation Datenraten von bis zu 7 Gbit/s. In diesem Frequenzbereich werden bereits besondere Vorkehrungen bzgl. der Antennensysteme getroffen, um eine Reichweite von maximal 10 m zu erreichen. Zur Verbesserung der Leistungsübertragungsbilanz dieser Systeme werden Antennen-Arrays mit der Möglichkeit des Beamformings eingesetzt. Somit kann sich das Antennensystem adaptiv an die Umgebungsbedingungen anpassen und die Kanalkapazität besser gewährleisten. Der WiGig Standard ist zudem abwärtskompatibel zu den Versionen 802.11a / b / g / n / ac, für höhere Reichweiten kann daher problemlos in einen

der anderen Standards, unter Einbußen der Datenrate, umgeschaltet werden. Eine weitere Besonderheit dieser Technologie ist der Zugriff auf den PAL-Layer des OSI-Modells [ITU]. Dadurch werden die Implementierungen von drahtlosen Übertragungen für die zuvor angesprochenen Schnittstellen (USB 3.0, SATA, PCI Express) deutlich vereinfacht [Des].
Der WirelessHD-Standard, welcher nicht vom IEEE-Konsortium spezifiziert ist, kann in der Spezifikation 1.1 bereits unkomprimierte Videoinhalte mit 1080p / 24 bit / 60 Hz streamen und erreicht unter speziellen Bedingungen Datenraten zwischen 10 - 28 Gbit/s [Des]. Auch bei diesem Standard werden Phased-Array Antennensysteme mit der Möglichkeit des Beamforming und zusätzlich dem Beamtracking eingesetzt. Somit werden bewegte Sender oder Empfänger bestmöglich ausgeleuchtet und eine Reichweite von bis zu 10 m erreicht.
Eine industrienahe Anwendung ergibt sich in der sogenannten Backhaul-Technologie. Dabei geht es um eine LOS-Verbindung zwischen zwei Basisstationen, eine Art Richtfunkstrecke. Mit der Anbindung von immer mehr Piko-, Mikro- und Metrozellen im Mobilfunk (bspw. LTE) wächst der Bedarf an hochdatenratigen Verbindung der einzelnen Zellen miteinander [Des]. Diese kann sowohl kabelgebunden, als auch drahtlos erfolgen. Die drahtlose Backhaul-Verbindung im Millimeterwellenbereich ist dabei in verschiedenen Frequenzbändern innerhalb des E-Band demonstriert [Hua], hierbei können Datenraten von 1 - 10 Gbit/s erreicht werden. Neben den generellen Nachteilen einer drahtlosen Verbindung, wie der Verfügbarkeit und der Beeinflussung durch Umwelteinflüsse, ist die drahtlose Backhaul-Anbindungen gegenüber kabelgebunden Lösungen (meistens Glasfaser) sehr schnell zu installieren und i. d. R. kostengünstiger, weshalb auch in dieser Technologie immer höheren Datenraten gewährleistet werden müssen. Dazu ist es erforderlich, die Forschung und Entwicklung solcher Backhaul-Systeme im Millimeterwellenbereich weiter voran zu treiben. Momentan kommerziell erhältliche Systeme werden innerhalb des E-Bands (71 - 76 GHz, 81 - 86 GHz und 92 - 95 GHz) betrieben. Durch eine Erhöhung der Betriebsfrequenz könnte auch hier eine höhere Bandbreite und damit eine höhere Datenrate ermöglicht werden.
Zahlreiche Anwendungsmöglichkeiten gibt es auch auf dem Gebiet der Radarsensorik im Millimeterwellenbereich. Aufgrund der Störunempfindlichkeit gegenüber harschen Umgebungseinflüssen wie Licht, Staub, Nebel oder

Temperatur können Radarsensoren Vorteile gegenüber laserbasierten oder ultraschallbasierten Systemen aufweisen und können zumindest im Vergleich mit den laserbasierten Systemen kostengünstiger realisiert werden. Im industriellen Umfeld werden häufig hochgenaue Abstandsmessungen [SAG+14] für den Einsatz in Werkzeugmaschinen benötigt [ATK+15], dabei sind Abstandmessungen von teilweise unter 1 µm wünschenswert [PJS+13]. Ein weiteres Anwendungsgebiet stellen Anlagen zur Füllstandsmessung oder generell Referenzmesssysteme für jegliche Arten von industriellen Maschinen dar. Hochpräzise Messungen innerhalb von Hohlleiterstrukturen stellen ein weiteres breites Anwendungsfeld dar [ASP+14]. Dabei wird von der Miniaturisierung solcher Radarsysteme im Millimeterwellenbereich profitiert, da die Verwendung selbst bei einem geringen zur Verfügung stehenden Platz gewährleistet werden kann. Im ISM-Band um 24,25 GHz wurden bereits unterhalb des Millimeterwellenbereichs die ersten kostengünstigen Radar-Frontends (ohne Antennen) mit Preisen unterhalb von 10 € (Stückzahl: 1000) in einem Standard-QFN-Gehäuse für den industriellen Einsatz entwickelt, bspw. der BGT24MTR11 Transceiver [Infa] von Infineon. Das am meisten von der Radarsensorik verwendete Spektrum im Millimeterwellenbereich wird momentan sicherlich durch den Einsatz im Automobilsektor abgedeckt. Dabei werden im Frequenzband von 24 - 24,5 GHz und 76 - 81 GHz Radarsysteme zur Gefahrenerkennung mit automatischem Bremssystem, Kollisionswarnung, Totwinkel Erkennung, Spurhaltung oder Systeme wie die adaptive cruise control (ACC) bereitgestellt. Mit diesen Anwendungen können Reichweiten von bis zu 200 m bei einem Winkelbereich von $\pm 18^\circ$ abgedeckt werden [Des]. Im ISM-Frequenzband um 122,5 GHz sind Radar-Frontends in einem 8 x 8 mm^2 QFN-Gehäuse als kommerzielle und kostengünstige Variante mit derzeitigen Preisen unterhalb 40 € erhältlich [Gmbb]. Hierbei wird momentan der Einsatz dieser Radarsensorik in einer Vielzahl von neuen Anwendungsfeldern im industriellen Umfeld und der Konsumelektronik geprüft. Eine Genauigkeit von 2 µm dieses Radarsensors wurde unter Laborbedingungen bereits demonstriert [SGA+15].

1.2 Ziele dieser Arbeit

Wie bereits aus den zuvor angesprochenen Applikationen von Kommunikations- und Radarsystemen im unteren Millimeterwellenbereich ersichtlich wird, ist der limitierende Faktor die maximale erreichbare Reichweite dieser Applikationen. Dies ist auf die folgenden Gegebenheiten zurück zu führen:

- Die Freiraumdämpfung FD nach (1.1) [Rec06] ist eine physikalische Größe und kann nicht verringert werden. Sie steigt mit wachsendem Abstand r und mit steigender Betriebsfrequenz f des Radar- oder Kommunikationssystems.

$$FD = \left(\frac{4\pi r f}{c_0}\right)^2 \tag{1.1}$$

- Die zusätzliche atmosphärische Dämpfung [SRdP15], [YMZ$^+$16] trägt je nach Frequenzbereich zu weiteren Verlusten bei. Bei normaler Witterung und einer Betriebsfrequenz von 60 GHz tritt eine zusätzliche Dämpfung von 15 dB/km bedingt durch eine Resonanzfrequenz von Sauerstoff auf. Weitere Maxima der atmosphärischen Dämpfung ergeben sich durch Wasserdampf bei Frequenzen um 180 GHz, 320 GHz oder 380 GHz.

- Die begrenzte Ausgangsleistung von Leistungsverstärkern (PAs), welche auf einem Halbleiterprozess integriert sind. Dies wird im Laufe der Arbeit näher beschrieben und betrachtet und es werden Konzepte zur effizienten Leistungskombination von parallelisierten Verstärkern aufgezeigt. Anschaulich dargestellt ist die abnehmende Ausgangsleistung mit steigender Frequenz in [Sam11].

Dennoch gibt es einige Anwendungen, welche teilweise zuvor bereits erläutert wurden, die von Systemen mit einer eingeschränkten Reichweite profitieren können. Des Weiteren können Interferenzen von Systemen im gleichen Frequenzbereich oftmals vernachlässigt werden, weil i. d. R. nur eine LOS-Verbindung verwendet werden kann und Reflexionen an anderen Gegenständen zu schwache Signalpegel für die Empfänger aufweisen. Ein weiterer Vorteil ist die enorme Miniaturisierung, welche im Millimeterwellenbereich erreicht werden kann. Sämtliche passiven Komponenten, bspw.

Koppler, können problemlos auf dem IC untergebracht werden. Selbst das abstrahlende Element, welches i. d. R. die Größe einer halben Wellenlänge ($\lambda/2$) der Betriebsfrequenz aufweist, kann im Millimeterwellenbereich auf dem IC integriert werden. Bei 240 GHz ergibt sich bspw. eine Wellenlänge λ von 1,25 mm, die durch die Permittivität ε_r des Halbleiter-Substrats zusätzlich um den Faktor $1/\sqrt{\varepsilon_r}$ verringert wird. Dies macht die Integration von kompletten Radar- oder Kommunikationssystemen auf einem einzelnen IC praktikabel, man spricht dabei von einer SoC Applikation. Wird zusätzlich das abstrahlende Element auf dem IC integriert, kann der höchste Grad an Integration erreicht werden. Zusätzlich liefern die hohen Betriebsfrequenzen von SoCs im Millimeterwellenbereich eine hohe absolute Bandbreite. Für Kommunikationssysteme ergibt sich dadurch das Potential von hohen Datenraten. Dies wird innerhalb des DFG Schwerpunktprogramms *1655 - Wireless 100 Gbit/s and beyond* in mehreren Teilprojekten erforscht, wobei die vorliegende Arbeit hauptsächlich an die Forschungsarbeiten des DFG-Projekts *Real100G.RF - A Fully Integrated, Multi-Purpose Radio Front-End for Wireless 100 Gbit/s* [DP] angelehnt ist. Eine der Zielstellungen ist dabei die Realisierung eines Sender- und Empfänger-Kommunikations-SoC im Frequenzbereich um 240 GHz. Dieser Frequenzbereich befindet sich wie in [SRdP15] erläutert in keinem Maximum der atmosphärischen Dämpfung. Die Erforschung von Methoden mit denen die Ausgangsleistung und der Antennengewinn von on-chip Antennen des Sender-SoCs erhöht werden kann, steht dabei im Vordergrund dieses Projektes, um den zuvor angesprochenen Nachteilen in diesen Frequenzbereichen entgegen zu wirken. Dies ist nötig, um auch bei noch höheren angestrebten Trägerfrequenzen um 240 GHz an die Reichweiten der in Abschnitt 1.1 gelisteten Systeme im unteren Millimeterwellenbereich anknüpfen zu können. Der Kommunikationskanal soll dabei eine sehr hohe absolute Bandbreite von bis zu 50 GHz aufweisen, um selbst mit niederwertigen Modulationsverfahren wie QPSK oder 8-PSK Datenraten von 100 Gbit/s erreichen zu können. Dazu wird eine kostengünstige Technologie auf Basis von SiGe-Halbleitern verwendet, welche in Anhang A.1 näher beschrieben ist. Die Arbeitspakete zu den aktiven Schaltungskomponenten werden dabei vom Projektpartner IHCT[1] bearbeitet.

[1] Institute for High-Frequency and Communication Technology der Bergischen Universität Wuppertal (Institutsleiter: Prof. Dr. rer. nat. Ullrich Pfeiffer)

Die in dieser Arbeit verwendeten Antennentypen eignen sich auch sehr gut für die Implementierung in Radar-SoCs, weshalb mit dem Projektpartner Silicon Radar[2] innerhalb des BMBF geförderten Projekts *Hochintegriertes miniaturisiertes Radarmodul zum hochflexiblen Einsatz in Fluggeräten, Robotik und in Produkten der Konsumelektronik* geeignete Radarsensoren entwickelt und erforscht werden. Zusätzlich wird innerhalb des DFG- und BMBF-Projektes und dieser Arbeit eine geeignete Aufbautechnik für solche SoC Applikationen untersucht, welche nach Möglichkeit kompatibel zu standardisierten PCB Prozessschritten ist. Dies bedeutet, dass die einzelnen Prozessschritte mit dem Einsatz von Standardmaschinen der Baugruppenfertigung nach IPC-Richtlinien [IR] abzuarbeiten sind, wobei die Einhaltung dieser Richtlinien während der Anfertigung dieser Arbeit aufgrund der geringen Stückzahlen nicht nachgewiesen werden kann.

1.3 Gliederung dieser Arbeit

In Kapitel 2 werden bestehende voll- und teilintegrierte Radar- und Kommunikationssysteme im Millimeterwellenbereich aufgelistet. Hierbei wird anhand der oben genannten Ziele evaluiert, welche Antennentypen und welche Lösungsansätze zur Gehäuseintegration für breitbandige und effizient abstrahlende SoC-Systeme verfügbar sind. Die Wahl fällt dabei auf das Konzept einer integrierten Linsenantenne (ILA), wobei die Herausforderungen hinsichtlich einer geeigneten Aufbautechnik in Kapitel 3 herausgearbeitet werden und ein passender Lösungsansatz präsentiert wird. Auch hier wird wieder das oben genannte Ziel einer standardisierten Gehäusetechnik verfolgt und durch geeignete Messaufbauten das thermische, elektrische und mechanische Verhalten evaluiert. Das Gehäusekonzept ist nur mit Hilfe eines IC zu bewerkstelligen, bei dem die HF-Signalerzeugung auf dem IC stattfindet, da keine HF-Signale im Millimeterwellenbereich durch die Gehäuseanschlüsse geführt werden können. Des Weiteren können nur die Basisbandsignale durch die Gehäuseanschlüsse geleitet werden, weshalb ein komplettes SoC zur Evaluation des Gehäusekonzepts nötig ist.

[2] Silicon Radar GmbH, Im Technologiepark 1, 15236 Frankfurt (Oder).

Dazu wird in Kapitel 4 das vorgestellte ILA-Konzept erweitert und anhand eines Antennensystems für ein Amplitudenmonopuls-Radar demonstriert. Zusätzlich wird ein komplettes Radar-SoC auf Basis eines Zweikanal-Radars entworfen. Dieses SoC wird mit Hilfe der in dieser Arbeit entwickelten Aufbautechnik zu einem Frontend aufgebaut und anschließend auf eine selbst entwickelte Basisband-Platine gelötet. Als Resultat ergibt sich dabei ein voll funktionsfähiger 122,5 GHz CW und FMCW Radarsensor, welcher letztendlich verwendet wird, um die Aufbautechnik aus Kapitel 3 vollständig hinsichtlich der thermischen, elektrischen und mechanischen Aspekte zu evaluieren. Die Zusammenhänge der einzelnen Kapitel sind in Abbildung 1.1 gezeigt.

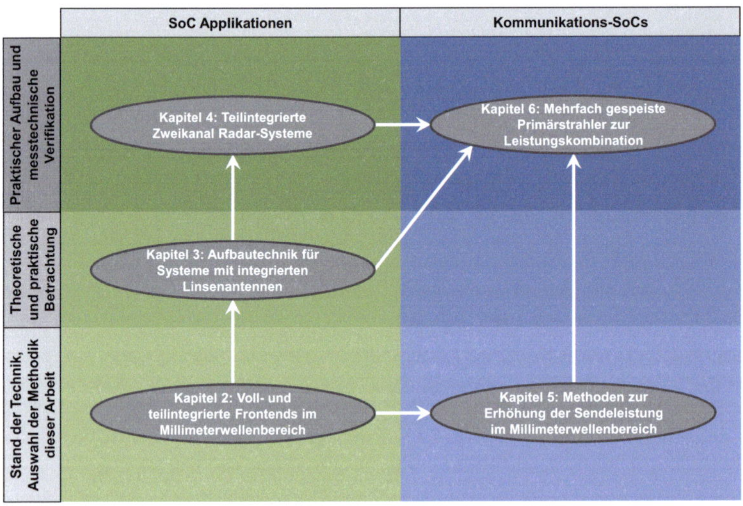

Abbildung 1.1: Zusammenhänge der Kapitel innerhalb dieser Arbeit.

In Kapitel 5 wird die Besonderheit von nicht duplex fähigen Kommunikations-SoCs ausgenutzt. In diesem Fall werden der Sender und Empfänger auf separaten ICs gefertigt. Dies führt zu der in dieser Arbeit präsentierten Möglichkeit, die Sendeantenne gleichzeitig als leistungskombinierendes Bauteil für parallelisierte Verstärker zu verwenden. Dabei wird zunächst am Stand der Technik für Leistungsverstärker gezeigt, in welcher Größenordnung die

Verluste der traditionellen Kombinationsnetzwerke parallelisierter Verstärker liegen. Das ursprüngliche ILA-Konzept aus den vorherigen Kapiteln wird dabei um die mehrfache Speisung erweitert und es wird aufgezeigt, dass diese Art der Speisung bis zu einem gewissen Grad der Parallelisierung von Verstärkern keine negativen Auswirkungen auf die Antenneneffizienz aufweist.

Das Konzept der mehrfachen Speisung wird in Kapitel 6 abschließend anhand von passiven und aktiven ILAs demonstriert. Dabei werden verschiedene Arten der Speisung in Betracht gezogen, welche entweder Bandbreiten von über 100 GHz ermöglichen oder bei geringerer benötigter Bandbreite ultrakompakt auf dem IC realisiert werden können. Alle vorgestellten Konzepte werden dabei anhand von passiven und aktiven ILAs messtechnisch mit kalibrierten Antennengewinn-Messungen verifiziert und somit die Möglichkeit der Leistungskombination innerhalb einer ILA bestätigt. Letztendlich wird eine solche ILA in einem 240 GHz Kommunikations-SoC eingesetzt und eine drahtlose Übertragung demonstriert.

2 Voll- und teilintegrierte Frontends im Millimeterwellenbereich

In diesem Kapitel wird zunächst eine Übersicht von bereits existierenden Radar- und Kommunikations-Frontends im Millimeterwellenbereich gegeben. Es werden allerdings nur Systeme berücksichtigt, bei denen zumindest alle aktiven und passiven Komponenten auf nur einem IC realisiert sind. Die abstrahlenden Elemente können dabei komplett oder teilweise auf dem IC untergebracht sein (on-chip), oder sie werden mit Hilfe eines externen Substrats und einer Millimeterwellenverbindung an den IC angebunden (off-chip). Dabei werden zunächst alle gängigen Integrationstechniken in Betracht gezogen und die Vor- und Nachteile von den in dieser Arbeit verwendeten SoC-Konzepten auf Basis von ILAs aufgezeigt.

2.1 Frontends basierend auf Hohlleiterstrukturen

Die auf Hohlleitern basierende Split-Block Technologie, wie bspw. für die Integration eines 220 GHz Kommunikations-SoCs in [KAS+11] verwendet, stellt eine hochperformante Integrationslösung dar. Dabei wird mit Hilfe einer CNC Fräse ein Metallblock bearbeitet. Dadurch kann eine Aufnahme für den IC bereitgestellt werden und eine gute thermische Anbindung erreicht werden. Für die hochfrequenten Ein- und Ausgänge werden abhängig von der Betriebsfrequenz entsprechende Rechteckhohlleiter im Metallblock realisiert. Die Verbindung des IC mit dem Hohlleiter wird mittels einer Streifenleitung auf einem Quarz-Substrat hergestellt, welches auf der einen Seite ein den Hohlleiter anregendes Patch aufweist und auf der anderen Seite mit Hilfe einer Bonddrahtverbindung an den IC angebunden wird. Dabei werden Verluste von 1,3 dB angegeben. Eine weitere Möglichkeit besteht darin, das den

Hohlleiter anregende Patch direkt auf dem IC zu integrieren [CKS+15], somit ist keine Bonddrahtverbindung erforderlich. Für diesen Übergang werden Verluste von 2 dB angegeben. Das offene Hohlleiterende eines mit dieser Technologie gefertigten Radar- oder Kommunikationsmoduls kann mit der Anbringung einer Hornantenne betrieben werden. Einer der größten Vorteile von SoCs im Millimeterwellenbereich ist die Miniaturisierung aller aktiven und passiven Komponenten mit der Betriebsfrequenz. Vergleicht man die Größe und das Gewicht des IC selbst, ist zu erkennen, dass die Split-Block Technologie der Miniaturisierung von Millimeterwellen-SoCs entgegen wirkt. Zusätzlich sind die CNC gefrästen Module i. d. R. sehr kostenintensiv in ihrer Herstellung.

Um diesen Aufwand in der Herstellung zu reduzieren bietet sich mit Hilfe von organischen Substraten eine weitere Möglichkeit einen Hohlleiterübergang zu realisieren. Dabei wird der IC zunächst wie in [KMS+14] per Flip-Chip-Prozess auf einem organischen Umverdrahtungssubstrat platziert. Mit Hilfe einer Streifenleitung mit offenem Ende auf dem organischen Substrat kann ein Hohlleiterübergang realisiert werden. Mit diesem Konzept wurde in [KMS+15] ein 280 GHz Kommunikations-Empfangsmodul realisiert, wobei die Verluste dieses Hohlleiterübergangs mit 1 dB angegeben sind. Das abstrahlende Element ist in Hohlleiter-Technologie gefertigt, was dem Aspekt der Miniaturisierung ebenfalls entgegen wirkt. In den folgenden Abschnitten werden deshalb kompaktere Integrationstechniken betrachtet, welche die Miniaturisierung der SoCs im Millimeterwellenbereich begünstigen.

2.2 Frontends mit planaren off-chip Antennen

Bei der Verwendung von off-chip Antennen ist eine hochpräzise Millimeterwellenverbindung notwendig, um das Antennensubstrat mit dem IC zu verbinden. Die klassischen Verfahren stellen dabei die Bonddraht-Technologie [BRG+13] und die Flip-Chip-Technologie [BRD+11] dar. Es gibt aber auch Verfahren mit denen sich die Millimeterwellenverbindung durch geeignete Umverdrahtungsschichten herstellen lassen [TCM+13].

2.2.1 Standardgehäuse und off-chip Antennen

Die off-chip Antennen sind im Millimeterwellenbereich i. d. R. auf speziellen HF-Substraten gefertigt, welche geringe Verlustwinkel $\tan\delta$ aufweisen. Die benötigten Strukturauflösungen lassen sich oftmals nur zuverlässig mit einer Dünnschichtprozessierung der Metallschichten herstellen. In 2004 wurde erstmals ein 60 GHz Sende- und Empfangsfrontend eines in SiGe-Technologie realisierten Kommunikations-ICs demonstriert [GBR+04] und ein Konzept zur Antennenintegration auf Basis einer Flip-Chip-Verbindung präsentiert. In 2006 wurde dieses Frontend erstmals in einem LGA-Gehäuse integriert aufgebaut [PGL+06]. Im Frequenzbereich um 122 GHz sind in [Bee13] mehrere Integrationsmöglichkeiten eines Radar-SoCs auf Basis von Standard QFN-Gehäusen gezeigt. Die erste Variante nutzt dabei Bonddrahtverbindungen mit $\lambda/4$ Anpassnetzwerken. Das Radar-SoC und die externen, mittels eines Dünnschichtprozesses gefertigten Antennen werden dabei auf den metallisierten QFN Gehäuseboden geklebt und anschließend durch ein Wedge-Wedge Bonddrahtverfahren verbunden. Die restlichen IC-zu-Gehäuse Verbindungen werden ebenfalls durch Bonddrahtverbindungen realisiert. Eine zweite Realisierungsmöglichkeit nutzt die Flip-Chip-Verbindung aus. Dazu wird die Antenne sowie die restliche Umverdrahtung der IC-Anschlüsse auf einer 14 µm dünnen Polyimid-Folie realisiert. Anschließend werden alle Anschlüsse des Radar-SoCs mit einer Gold-Stud-Bump Technologie mit Goldkugeln bestückt. Ein Flip-Chip-Prozess kontaktiert das Radar-SoC auf dem Antennen- und Umverdrahtungssubstrat. Abschließend wird das Umverdrahtungssubstrat mit dem QFN-Gehäuse durch Lotkugeln verbunden. Als Gehäuseabdeckung dienen bei diesen Konzepten Alumina (Al_2O_3) Deckel mit einer Dicke von $\lambda_{\varepsilon r}/2$ bei 122 GHz.

2.2.2 Embedded Wafer Level Packaging

Das eWLB Gehäuse stellt eine gut erprobte und für den Massenmarkt entwickelte Technologie dar [BFBM06], [WLB+11]. Der IC wird dabei rückseitig und seitlich mit einer Vergussmasse umgeben. Anschließend wird mit Hilfe eines Dünnschichtprozesses eine mehrlagige Umverdrahtungsschicht auf der Oberseite des ICs aufgebaut. Somit lässt sich ein sogenanntes Fan-Out Gehäuse realisieren, d. h. die eng benachbarten Anschlüsse auf dem IC werden mit Hilfe der Umverdrahtungslagen so angeordnet, dass die Abstände der Anschlussflächen kompatibel für einen Standard-Lötprozess werden. Durch die hohen Strukturauflösungen und dünnen Schichtdicken der Umverdrahtungslagen können diese Verbindungen auch als Millimeterwellenverbindung verwendet werden, d. h. die Antennen können auf einem externen Substrat angeschlossen werden. Dies ist beim kommerziell erhältlichen Infineon 60 GHz Kommunikations-IC auf diese Art realisiert [Infb]. In den Umverdrahtungsschichten des eWLB Prozesses lassen sich die Antennen auch direkt implementieren. Dies wurde vorwiegend für 77 GHz Radar-Frontends demonstriert [FTH+14], [HTS+12], wobei Radarsysteme im Frequenzbereich um 77 GHz hauptsächlich durch die Einführung im Automobilsektor getrieben sind. Im Frequenzbereich um 120 GHz wurde ein Radar-SoC mit eWLB integrierten Antennen vorgestellt [FAF+16]. Die Antennenperformanz ist bei diesem Ansatz stets durch die Höhe der Umverdrahtungslagen und die Höhe des Vergussmaterials beeinflusst, zusätzlich wird eine erhöhte Anforderung an den Lötprozess gestellt, da der Abstand des eWLB-Gehäuses zur Leiterplatte einen kritischen Parameter für die Antennenperformanz darstellt. In [TFSM12] wurde der eWLB integrierte Antennenansatz um eine integrierte Linsenantenne erweitert, um die Bandbreite und Effizienz des abstrahlenden Elements zu erhöhen. Allerdings steigt dadurch der Fertigungsaufwand, da dieses Konzept durch keine Standardtechnologie bereitgestellt wird. Ein erweitertes eWLB Gehäuse ist für ein 77 GHz Automobil-Radar demonstriert [LJO+13]. Dabei werden sowohl an der IC-Oberseite, als auch an der IC-Unterseite Umverdrahtungslagen angebracht. Eine Seite des eWLB Gehäuses kann somit auf ein PCB gelötet werden, wobei die Anschlüsse auf der anderen Seite genutzt werden können, um mit Hilfe eines Flip-Chip-Prozesses ein Substrat mit einem abstrahlenden Element zu kontaktieren.

2.2.3 Gehäuse aus Mehrlagenleiterplatten

Bei mehrlagigen Leiterplatten kann mit Hilfe der Metalllagen eine gute Schirmung von hochfrequenten Signalen erreicht werden. Zusätzlich lassen sich Antennenstrukturen in solchen Prozessen effizient realisieren, da bspw. der Reflektorabstand in verschiedenen Metalllagen realisiert werden kann oder die Implementierung einer aperturgekoppelten Antenne ermöglicht

wird [BGG+16]. In den Innenlagen können zudem Kavitäten implementiert werden, in denen der IC eingebettet werden kann. Mehrlagige Platinen können mit organischen Substratmaterialien aufgebaut werden (bspw. PTFE oder LCP). Der Nachteil ist hierbei die sequentielle Verarbeitung der einzelnen Lagen, was zu höheren Fabrikationskosten führt.
Durch die Verwendung einer auf Keramikmaterialien basierenden Mehrlagen-Technologie wie HTCC oder LTCC [Ima05] kann dieser Nachteil umgangen werden, da jede Lage einzeln und parallel gefertigt werden kann. Hinsichtlich der Verwendung im Millimeterwellenbereich ergeben sich allerdings einige Nachteile. Die minimal mögliche Schichtdicke (>100 µm) und die Permittivität der Basismaterialien ist i. d. R. höher als für die zuvor angesprochenen organischen Materialien. Dadurch muss die Ausbreitung von Oberflächenwellen durch geeignete Maßnahmen unterdrückt werden [AJ84], [HP03], [LDT+05]. Da die einzelnen Lagen i. d. R. mit einem Dickschichtprozess realisiert werden, ist die minimale Strukturgröße limitiert. Zusätzlich werden bei der Verpressung der einzelnen parallel gefertigten Substratlagen hohe Temperaturen benötigt (HTCC: 1600 - 1800°C, LTCC: ~850°C), was zu einer nicht vollständig kontrollierbaren Schrumpfung der Keramiksubstrate in allen Raumrichtungen führt. Diese Limitierungen erschweren den Einsatz im Millimeterwellenbereich und müssen im Einzelfall geprüft werden. Für den Frequenzbereich um 77 GHz wurde ein Radar-Modul in LTCC-Technologie integriert [KFKR12]. Das abstrahlende Element ist als Vivaldi-Antenne realisiert und strahlt dementsprechend in Richtung der Substratebene ab, was für einige Anwendungen einen Nachteil darstellen kann, da i. d. R. eine nach oben gerichtete Abstrahlung benötigt wird. Ein in LTCC integriertes 79 GHz Radar-Modul wird in [WS11] und [WS15] demonstriert. Hierbei wird ein Array aus Patch-Antennen verwendet. Es wird von einer -10 dB-Bandbreite des Reflexionsfaktors von 4 GHz berichtet, wobei über die Effizienz keine Angabe gemacht wird. Mit der Verwendung von organischen Mehrlagenleiterplatten wie bspw. LCP können ebenfalls ICs eingebettet werden und damit komplette IC-Gehäuse realisiert werden [LCP+16], [PDP12]. Zusätzlich kann das Antennenelement auf diesen organischen Substraten realisiert werden. Durch die niedrige Permittivität ($\varepsilon_r = 2 - 3{,}5$) und die geringen Verluste solcher Hochfrequenz-Substrate, kann wie in [CAP11] gezeigt, eine 60 GHz Kommunikations-Sendeeinheit integriert werden, wobei die auf

dem Mehrlagen-LCP implementierten Antennen eine simulierte Antenneneffizienz von 91,7 % aufweisen.

2.3 Frontends mit on-chip Antennen

Die Verwendung von on-chip Antennen hat den Vorteil, dass keine Millimeterwellenverbindung notwendig ist. Dies kann den Aufbau vereinfachen und damit die Kosten deutlich senken. Der Wegfall einer Millimeterwellenverbindung wirkt sich ebenfalls positiv auf die gesamte Komplexität des Aufbaus aus. Dabei ist zwischen vollintegrierten und teilintegrierten Realisierungen einer on-chip Antenne zu unterscheiden. Die Vor- und Nachteile werden in den folgenden Abschnitten dargelegt.

2.3.1 Vollintegrierte on-chip Antennen

Unter der Vollintegration versteht man eine Antennenlösung, bei der das komplette abstrahlende Element direkt auf dem IC integriert ist. Dabei wird die Antenne im BEOL des ICs implementiert, wobei die Massefläche oder der Reflektor der Antenne ebenfalls im BEOL integriert sein kann oder aber unterhalb des Halbleitersubstrats angebracht werden kann, indem der IC auf eine metallisierte Fläche geklebt wird. Beide Lösungen schränken die Performanz der Antenne drastisch ein. Wird die Massefläche bzw. der Reflektor unterhalb des IC angebracht, strahlt das abstrahlende Element aufgrund der hohen Permittivität zwangsläufig in das Halbleitersubstrat und führt zur Ausbildung von Oberflächenwellen [Poz83], was wiederum die Effizienz verschlechtert und die Richtcharakteristik der Antenne stark beeinflusst. In [WCN^{+}14] wird eine differentielle Dipol-Antenne mit einer Effizienz von maximal 24 % bei 200 GHz beschrieben, wobei die Richtcharakteristik in der H-Ebene starke Dellen und Nebenkeulen aufweist. Die 3 dB-Gewinn-Bandbreite beträgt dabei 40 GHz. Eine weitere nach diesem Konzept aufgebaute Dipol-Antenne ist in [KJS13] beschrieben, wobei von einer simulierten Effizienz von 32 % bei 245 GHz berichtet wird. Auch hier weist die Richtcharakteristik in beiden Polarisationsebenen Dellen auf. Dies ist ein typisches Verhalten bei der Anregung von Oberflächenwellen, wie anhand der referenzierten on-chip Antennen in [Per10] zu sehen ist. Verwendet man die unterste Metalllage des BEOL als Massefläche kann eine Schirmung vom Halbleitersubstrat erreicht und die Ausbreitung von Oberflächenwellen unterdrückt werden. Durch den geringen Abstand von wenigen µm der Metalllagen im BEOL (bspw. der in dieser Arbeit verwendete Lagenaufbau nach Abbildung A.1) ist das Bandbreite-Effizienz Produkt [Poz83] einer Patch-Antenne sehr schlecht. Auf Basis dieses Konzepts wurde in [BPJ+13] und [JBP13] ein vollintegriertes 240 GHz Radar-SoC entwickelt, wobei ein Reflexionsfaktor der Patch-Antenne von lediglich -3 dB im Bereich von 229 - 253 GHz erzielt wurde. Die simulierte Effizienz bei der Mittenfrequenz von 240 GHz ist dabei mit 31,6 % angegeben. Um die Reichweite dieses Radar-Systems zu erhöhen, wird extern eine dielektrische Linse angebracht. Durch die Verwendung einer bistatischen Radar-Topologie kann die Linse nicht ideal platziert werden. Dies führt in jedem Fall zu entgegengesetzt schielenden Richtcharakteristiken des Sende- und Empfangspfads und verschlechtert das SNR des Gesamtsystems. Des Weiteren wird in [YKG+12] ein Empfänger in InP-Technologie vorgestellt, wobei das im BEOL realisierte 2 x 2 Patch-Array eine maximale Effizienz von 5,6 % bei 350 GHz aufweist. Durch spezielle Halbleiterprozesse können diese Nachteile teilweise umgangen werden. In [SSS+13] ist ein Radar-SoC mit einer on-chip Dipol-Antenne gezeigt. Die Besonderheit liegt darin, dass unterhalb der Antenne gezielte Bereiche des Halbleitersubstrats weggeätzt werden (LBE-Prozess). Dadurch kann die Anregung von Oberflächenwellen verringert werden, wobei eine Effizienz von 60 % und eine 3 dB-Gewinn-Bandbreite von 122 - 140 GHz demonstriert werden. Die freigeätzten Stellen können allerdings die Stabilität des BEOL beeinträchtigen und erfordern einen erhöhten Aufwand für die Aufbautechnik. Da der IC zur Wärmeabfuhr und als Reflektor für die Antenne auf eine Metallplatte geklebt werden sollte, muss darauf geachtet werden, dass der Kleber nicht in die freigeätzten Bereiche läuft und somit die Antennenperformanz beeinträchtigt. Eine weitere Möglichkeit besteht darin, mit Hilfe von Durchkontaktierungen durch das Halbleitersubstrat (TSV) ein Antennenkonzept mit erhöhter Bandbreite und Effizienz aufzubauen [GC10], [HWX+10], [LSYY13]. Dieser Prozessschritt verursacht zusätzliche Kosten und ist nicht für alle Halbleiterprozesse verfügbar (siehe Anhang A.1).

2.3.2 Teilintegrierte on-chip Antennen

Bei teilintegrierten on-chip Antennen wird der Primärstrahler im BEOL des IC realisiert. In den meisten Fällen wird anschließend auf Basis elektromagnetischer Kopplung ein Sekundärstrahler angeregt. In [HTS+12] und [HWGH10] wird anhand eines 77 GHz Automobil-Radars neben dem bereits bekannten eWLB Konzept auch eine teilintegrierte on-chip Lösung präsentiert. Hierbei wird im BEOL eine kurzgeschlossene $\lambda/4$-Streifenleitung als Primärstrahler verwendet. Durch die Anbringung eines Resonators aus Quarz-Glas über dem Primärstrahler, auf dem zusätzlich ein resonantes Patch realisiert ist, kann die Bandbreite und Effizienz im Vergleich zu den vollintegrierten Patch-Antennen aus Abschnitt 2.3.1 auf 50 % erhöht werden. Dieses Konzept wird ebenfalls für ein 122 GHz Radar-Frontend verwendet [GHS+12], wobei keine Effizienzwerte angegeben sind. In [AvZJS16] wird ein 60 GHz Radar-SoC mit einer Dipol-Antenne auf dem IC integriert und auf ein PCB geklebt. Auf diesem PCB befinden sich spezielle metallische Strukturen, um die Ausbreitung von Oberflächenwellen zu unterdrücken und damit die Effizienz der on-chip Antenne auf 45 % zu erhöhen. Eine weitere teilintegrierte on-chip Antennenlösung eines 240 GHz Kommunikationssenders wird in [SGS+16] demonstriert. Für dieses Antennenkonzept wird ein simulierter Reflexionsfaktor besser als -20 dB im Frequenzbereich von 180 - 330 GHz berichtet. Dabei speisen differentiell angeregte Monopole einen Schlitz in der Massefläche und sind im BEOL des IC realisiert. Der gesamte IC wird anschließend auf eine Silizium-Linse geklebt, wobei der Fokuspunkt deckungsgleich mit dem Phasenzentrum der Schlitzantenne ist. Dies gleicht dem Prinzip einer ILA [Rut85], [FGR93]. Auch hierbei wird wie bei allen Antennentypen, welche nicht vom Halbleitersubstrat geschirmt sind, ein Großteil der Leistung in das Halbleitersubstrat gestrahlt. Durch die Anbringung der Linse werden diese Leistungsanteile gebündelt abgestrahlt, dies resultiert in einer hocheffizienten und breitbandigen Abstrahlung. Dieser Antennentyp wird in [GSSP15b] ebenfalls für ein monostatisches 240 GHz Radar-SoC verwendet, wobei der kreisrunde Schlitz von vier Monopolen angeregt wird und damit eine zirkular polarisierte Abstrahlung des Primärstrahlers erreicht werden kann. Durch vorgeschaltete differentielle 90° Richtkoppler kann eine Trennung des Sende- und Empfangspfads erreicht werden. Die simulierte Antenneneffizienz η einer solchen ILA ohne Zuleitungen ist größer 90 %, wobei in dieser Arbeit die Richtkoppler und Zuleitungsverluste mit betrachtet werden müssen, was zu einer simulierten Effizienz zwischen 34 - 39 % im Frequenzbereich von 210 - 270 GHz führt. Durch die monostatische Systemauslegung können identische Richtcharakteristiken der ILA für den Sende- und Empfangsfall erreicht werden. In [TSY16] wird das ILA-Konzept für einen 300 GHz Kommunikationsempfänger demonstriert, wobei das Gehäuse durch eine LTCC-Technologie bereitgestellt wird. Hierbei wird ebenfalls eine simulierte Antenneneffizienz von 90 % angegeben.

2.4 Fazit

Zur Bewertung der Integrationsmöglichkeiten von teil- und vollintegrierten Radar- oder Kommunikations-SoCs werden in Tabelle 2.1 alle vorgestellten Varianten hinsichtlich der angegebenen simulierten Antenneneffizienz und erreichten Bandbreite gegenüber gestellt. Dabei ist zu erkennen, dass die auf Hohlleitern basierenden Integrationstechniken generell eine gute Performanz aufweisen. Allerdings wirken sie aufgrund ihrer Baugröße den extrem kleinen IC-Abmessungen von Radar- oder Kommunikations-SoCs im Millimeterwellenbereich entgegen. Des Weiteren ist die Herstellung der Metallblöcke durch den Einsatz von CNC-Fräsen sehr kostenintensiv, da jedes Exemplar separat gefertigt werden muss und keine parallele Prozessierung möglich ist. Bei der Verwendung von Integrationstechniken, bei denen das abstrahlende Element nicht auf dem IC realisiert ist, können sehr effiziente Antennen realisiert werden. Zusätzlich ist das Antennensubstrat nahezu frei wählbar und kann an die Gegebenheiten der Aufbautechnik angepasst werden, bspw. eine gleiche Substrat-zu-IC Höhe, um Bonddrahtverbindungen praktikabler zu realisieren. Der Nachteil dieser Konzepte ist jedoch die benötigte präzise Millimeterwellenverbindung, da dies gesteigerte Anforderungen an die Aufbautechnik stellt und mit höheren Kosten verbunden ist. Der für den Massenmarkt entwickelte eWLB-Prozess stellt eine sehr praktikable Lösung hinsichtlich der Millimeterwellenverbindung dar, allerdings ist man bei der Realisierung eines abstrahlenden Elements innerhalb des eWLB Gehäuses an die Gegebenheiten des Prozesses gebunden, bspw. den Lagenaufbau und den Abstand zu einem metallischen Reflektor. Dies erschwert die Realisierung von effizient abstrahlenden Elementen deutlich. Die Integration mit Hilfe von

Mehrlagenleiterplatten könnte eine kostengünstige Alternative darstellen, allerdings sind diese Mehrlagenprozesse oftmals in ihren Strukturauflösungen limitiert, weshalb der Einsatz bei Betriebsfrequenzen oberhalb 100 GHz nicht demonstriert ist. Die Verwendung von vollintegrierten Antennen auf dem IC bietet aus Sicht der Aufbautechnik die einfachste und kostengünstigste Variante. Die Performanz der abstrahlenden Elemente ist allerdings sehr schlecht. Für den Einsatz im Millimeterwellenbereich, in dem die Ausgangsleistung limitiert und die Freiraumdämpfung sehr hoch ist, sollten nach Möglichkeit Antennen mit einer höheren Effizienz genutzt werden. Die Technologien wie LBE oder TSV zur Erhöhung der Effizienz sind zum einen nicht für jeden Halbleiterprozess verfügbar und erfordern zum anderen u. U. erhöhte Anforderungen an die Aufbautechnik. Die teilintegrierten on-chip Lösungen auf Basis der elektromagnetischen Kopplung und der Verwendung von dielektrischen Resonatoren können die Effizienz zwar steigern, dennoch sind die Verluste im Vergleich zu den off-chip Varianten deutlich höher.
Abschließend ist in Tabelle 2.1 zu erkennen, dass sowohl die Bandbreite als auch die Antenneneffizienz einer ILA mit Abstand die beste Performanz der in diesem Kapitel vorgestellten Antennentypen aufweist. Zusätzlich können nahezu beliebige Antennengewinne durch die Wahl der Linsengröße ermöglicht werden. Lediglich die Anbringung der dielektrischen Linse an der Unterseite des IC, ist aus Sicht der Aufbautechnik und Gehäuseintegration im Gegensatz zu anderen Konzepten schwieriger zu realisieren. Zusätzlich ergeben sich Nachteile bei der thermischen Anbindung des ICs, welche im Verlauf dieser Arbeit betrachtet werden. Aufgrund der besten Abstrahleigenschaften aller vorgestellten Konzepte wird innerhalb dieser Arbeit der Einsatz von ILAs in Radar- und Kommunikations-SoCs untersucht und deren Vorteile aufgezeigt. Zusätzlich wird eine einfach zu realisierende Aufbautechnik evaluiert, welche ein Standard-lötbares QFN-Gehäuse bereitstellt.

Integrations-typ	Übergang (Ü) / Antenne (AN)	Verluste des Übergangs	Antennen-effizienz η	Bandbreite	Referenz
Split-Block	on-chip / Hornantenne	2 dB	>90 %	65 - 95 GHz ($S_{11,Ü} < -15$ dB)	[CKS+15]
Split-Block	Quarz-Glas / Hornantenne	1,3 dB	>90 %	220 - 330 GHz (WR3)	[KAS+11]
Hohlleiter	HF-Substrat / Hornantenne	1 dB	>90 %	220 - 330 GHz (WR3)	[KMS+15]
off-chip	Flip-Chip / Dipol auf SiO_2	-	90 %	59 - 64 GHz (∼ konst. Effizienz)	[PGL+06]
off-chip	Bonddraht / Patch auf LCP	>1 dB	85 %	119 - 126 GHz ($S_{11,Ü} < -10$ dB)	[Bee13]
eWLB	eWLB / versch. Antennen	0,2 dB/mm	-	72 - 81 GHz ($BW_{3dB,AN}$)	[FTH+14] [HTS+12]
eWLB	eWLB / Tx/Rx Array	-	-	115 - 125 GHz (Transceiver)	[FAF+16]
eWLB mit Linse	eWLB / Folded Dipol	-	-	66 - 95 GHz ($S_{11,AN} < -10$ dB)	[TFSM12]
LTCC	LTCC / Patch-Array	0,6 dB/cm	-	77 - 81 GHz (Transceiver)	[WS15]
LCP	LCP / Folded Dipol	-	91,7 %	61,5 GHz und 66 GHz (Multi-Band)	[CAP11]
on-chip	- / Dipol	-	33 %	217 - 245 GHz (∼ konst. Effizienz)	[KJS13]
on-chip	- / Patch	-	32 %	229 - 253 GHz ($S_{11,AN} < -3$ dB)	[BPJ+13] [JBP13]
on-chip	- / Patch-Array	-	5,4 %	336 - 358 GHz ($S_{11,AN} < -10$ dB)	[YKG+12]
on-chip	- / Dipol mit LBE	-	60 %	122 - 140 GHz ($BW_{3dB,AN}$)	[SSS+13]
on-chip	/ zus. TSV	-	21,6 %	137 - 146 GHz ($S_{11,AN} < -10$ dB)	[HWX+10]
on-chip	- / zus. TSV	-	78 %	143 - 157 GHz	[LSYY13]
on-chip	- / zus. Resonator	-	>50 %	76 - 77 GHz (Transceiver)	[HWGH10]
on-chip	- / zus. PCB	-	45 %	55 - 65 GHz (∼ konst. Effizienz)	[AvZJS16]
on-chip	Richtkoppler(*) / Schlitzantenne ILA	3 dB(*)	90 %	180 - 310 GHz(*) (∼ konst. Effizienz)	[GSSP15b](*) [TSY16] Kapitel 3.1 Kapitel 5.3.4

Tabelle 2.1: Bandbreite- und Effizienzvergleich verschiedener Integrationstechniken.

3 Aufbautechnik für System-on-Chip Applikationen mit integrierten Linsenantennen

Am Stand der Technik aus Kapitel 2 wurde gezeigt, dass das Konzept einer ILA zur effizienten und breitbandigen Abstrahlung geeignet ist und damit für breitbandige Kommunikations- oder Radar-SoCs verwendet werden kann. Da ein IC mit integriertem Primärstrahler nicht wie in den meisten zuvor angesprochenen Gehäusevarianten auf einer Metallfläche aufgeklebt werden kann, besteht der Nachteil der ILA in der Realisierung eines Gehäuses, welches den thermischen, elektrischen und mechanischen Anforderungen genügt. Diese bilden die Grundfunktionalität eines jeden Gehäuses [TRK12]. Bisherige auf ILAs basierende SoC Applikationen wie in [SGS+16] [GSSP15b] werden zur Überprüfung der Funktionalität auf eine Silizium-Linse geklebt und direkt mit einer DC- und Basisbandplatine verbunden. Spezielle Vorkehrungen zur Einbettung des ICs werden dabei nicht getroffen. Lediglich in [TSY16] wurde eine LTCC-basierte Integration eines ICs demonstriert, allerdings ohne die thermischen und mechanischen Gegebenheiten zu untersuchen. Bedingt durch die Anbringung einer dielektrischen Linse auf der Rückseite des IC erschwert sich die Aufbautechnik, wobei in diesem Kapitel eine einfach zu realisierende QFN-Gehäusetechnik aufgezeigt wird. Dazu wird zunächst näher auf ILAs und deren Primärstrahler eingegangen. Es wird gezeigt, wie solche abstrahlenden Elemente im BEOL des in dieser Arbeit verwendeten Halbleiterprozesses realisiert werden können. Anschließend wird eine Aufbautechnik vorgestellt, welche die elektrischen Eigenschaften von Systemen mit integrierten on-chip Linsenantennen nicht beeinflusst. Das Ziel besteht darin, das Gehäuse nicht in den 3D-Feldsimulationen der Antennensysteme integrieren zu müssen, was zu einer deutlichen Minimierung des Simulationsaufwands führt. Neben den elektrischen Eigenschaften muss die

Funktionalität des Gehäuses hinsichtlich thermischen und mechanischen Eigenschaften betrachtet werden. Durch das Abstrahlverhalten in Richtung des Halbleitersubstrats muss sichergestellt werden, dass die Wärmeanbindung des IC gewährleistet wird, ohne die elektrischen Eigenschaften zu verändern. Abschließend werden der mechanische Aufbau und die dazu verwendeten Materialien und Prozesse detailliert betrachtet.

3.1 Integration von Schlitzantennen auf einem IC

Auf Halbleiterprozessen integrierte Schlitzantennen in Kombination mit Silizium-Linsen lassen sich wie in Abbildung 3.1 dargestellt realisieren. Dieses Konzept wurde bereits in [BGK+06] und [FGR93] hinreichend genau beschrieben.

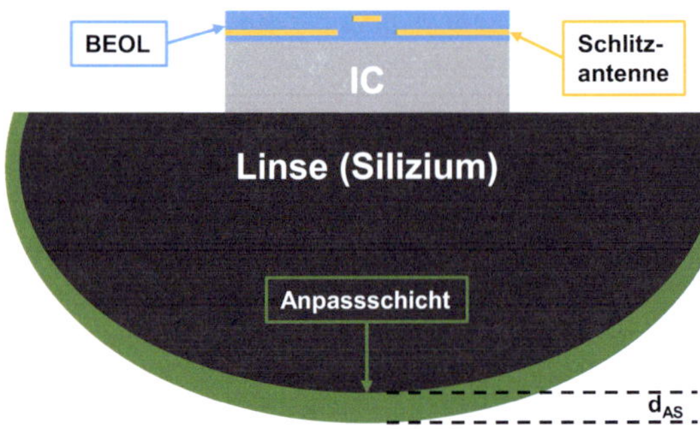

Abbildung 3.1: Konzept einer integrierten Linsenantenne mit einer Schlitzantenne als Primärstrahler im BEOL.

Wird eine Schlitzantenne im BEOL eines Halbleitersubstrats realisiert, ergibt sich eine Grenzfläche zum Siliziumsubstrat und die nach oben gerichtete Grenzfläche zur Umgebung (i. d. R. Luft). In [But83] wird anhand (3.1) gezeigt, dass der Großteil der abgestrahlten Leistung P_{total} in Richtung des Siliziums geführt wird. Durch eine Silizium-Linse mit den Abmessungen $\gg \lambda$ kann eine nach unten unendlich ausgedehnte Silizium-Fläche angenommen werden, wobei durch die Kontur der Linse eine gerichtete Abstrahlung ermöglicht wird [Rut85]. Die Leistungsanteile im Dielektrikum P_{diel} können für das gegebene Siliziumsubstrat des in dieser Arbeit verwendeten Halbleiterprozesses nach Anhang A.1 mit einer Permittivität von $\varepsilon_\mathrm{r} = 11,9$ berechnet werden und es kann gezeigt werden, dass mehr als 97 % der abgestrahlten Leistung in Richtung des Dielektrikums geführt werden.

$$\frac{P_\mathrm{diel}}{P_\mathrm{total}} \approx 1 - \frac{1}{\varepsilon_\mathrm{r}^{3/2}} \tag{3.1}$$

Dementsprechend ergibt sich auch bei der Berechnung der Geometrie der Schlitzantenne die Skalierung mit $1/\sqrt{\varepsilon_\mathrm{r}}$, was zu einer Verringerung der benötigten Halbleiterfläche führt. Die einfachste und kompakteste Form einer differentiell gespeisten Schlitzantenne in Mikrostreifenleitungs-Topologie kann wie in Abbildung 3.2a realisiert werden. Dazu wird in einer der unteren Metallebenen des Lagenaufbaus nach Abbildung A.1 eine Massefläche definiert, in der auch der längliche und schmale Schlitz realisiert ist. Der Schlitz besitzt eine Längenabmessung in der Größenordnung von der halben Wellenlänge $\lambda_\mathrm{c,min}/2$ der unteren Grenzfrequenz, wobei die Schlitzbreite i. d. R. kleiner als $0,1 \cdot \lambda_\mathrm{c,min}$ ausfällt. In einer der oberen Metallschichten werden die Zuleitungen als Streifenleitungen realisiert, welche direkt an die den Schlitz anregenden, differentiell gespeisten, Monopole angeschlossen sind. Die Speisung erfolgt demnach mittels einer Spannungsquelle zwischen der schmalen Seite des Schlitzes. Dieser schmale Schlitz kann wie in Abbildung 3.2b zu einem Kreis ausgeformt werden, um bspw. die Eingangsimpedanz der Monopole zu variieren oder höhere Bandbreiten zu erzielen.
Die Berechnung der Schlitzlänge, oder bei der kreisrunden Variante, des Schlitzdurchmessers d_s ist mit Hilfe der gewünschten unteren Grenzfrequenz $f_\mathrm{c,min}$ des Schlitzes und (3.2) [Sti77] möglich. Der Primärstrahler der ILA ist somit bezogen auf die Freiraumwellenlänge um $\sim 1/\sqrt{\varepsilon_\mathrm{r}}$ kompakter.

$$d_\mathrm{s} = \frac{c_0}{2 \cdot f_\mathrm{c,min} \cdot \sqrt{\varepsilon_\mathrm{r}}} \tag{3.2}$$

Prinzipiell lässt sich eine solche Schlitzantenne mit nur einem Monopol realisieren. Die Strukturen der Primärstrahler sind hier nur für eine differentielle Speisung dargestellt. Dies hat den weiteren Vorteil einer symmetrischen Speisung und somit einem konzentrierten Phasenzentrum des Primärstrahlers. Bei einer ILA ist dies wichtig, um über dem breitbandigen Betriebsfrequenzbereich von u. U. mehreren 100 GHz das Phasenzentrum konstant über dem Fokuspunkt der Linse zu halten und somit eine senkrecht zum IC gerichtete Abstrahlung zu ermöglichen.

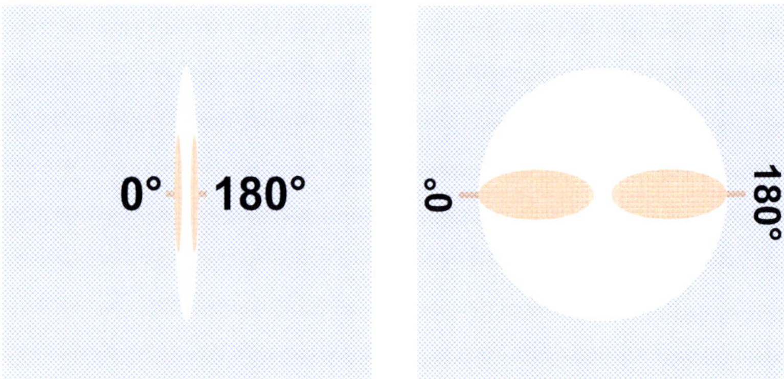

(a) Schmaler Schlitz (b) Kreisförmiger Schlitz

Abbildung 3.2: Schlitzantennen im BEOL des Halbleiterprozesses. Die Metalllagen sind entsprechend Abbildung A.1 gekennzeichnet. [23] © 2017 IEEE.

Die Apertur der ILA, welche für den Antennengewinn nach (3.4) ausschlaggebend ist, bezieht sich allerdings allein auf den verwendeten Durchmesser L_D der Silizium-Linse und kann nach der Herstellung des IC nahezu beliebig gewählt werden, ohne die Anpassung oder Effizienz des Primärstrahlers merklich zu beeinflussen. Die hier vorgestellten Primärstrahler sind damit sehr kompakt in ihrer Baugröße und eignen sich daher exzellent für die Integration in Halbleiterprozessen. Für die Berechnung der Direktivität D und des Gewinns G einer ILA müssen weitere Umstände betrachtet werden. Die Direktivität einer ILA ist nach [vdV99] abhängig von der Apertureffizienz η_a, der Polarisationseffizienz η_p, der Spillover-Effizienz η_s und der Transmissionseffizienz η_{tr}. Da diese Effizienzwerte nicht zwangsläufig als Verluste angesehen werden können, da sie bspw. lediglich die Richtcharakteristik der ILA ändern, werden diese Effizienzwerte nach (3.3) zu einer ILA-Effizienz $\eta_{ILA,ges}$ zusammengefasst. Mit Hilfe dieser Effizienz, des Linsendurchmessers L_D und der Freiraumwellenlänge λ_0 der Betriebsfrequenz lässt sich die Direktivität einer ILA bestimmen.

$$\eta_{\mathrm{ILA,ges}} = \eta_\mathrm{a} \cdot \eta_\mathrm{p} \cdot \eta_\mathrm{s} \cdot \eta_\mathrm{tr} \tag{3.3}$$

Wenn man zusätzlich die Verluste, bspw. des Siliziumsubstrats und der Metallleitfähigkeit des Primärstrahlers berücksichtigt, kann man mit der Antenneneffizienz η den Antennengewinn einer ILA nach (3.4) berechnen.

$$G = \eta \cdot D = \eta \cdot \eta_{\mathrm{ILA,ges}} \cdot \left(\frac{\pi \cdot L_\mathrm{D}}{\lambda_0}\right)^2 \tag{3.4}$$

Die Herleitungen der einzelnen Effizienzwerte sind in [vdV99] erläutert. Zusätzlich werden für einen ringförmigen Primärstrahler bei einer Betriebsfrequenz von 500 GHz, welcher planar auf einem Substrat mit einer Permittivität von $\varepsilon_\mathrm{r} = 11,7$ realisiert ist, die Effizienzwerte nach Tabelle 3.1 angegeben. Die Polarisationseffizienz n_p weist nach [vdVdMH99] einen Wert $> 99\,\%$ auf. Es ist zu erkennen, dass die Transmissionseffizienz η_tr bei einer fehlenden Anpassschicht (siehe Abbildung 3.1) die größte Degradierung der ILA-Effizienz bedingt. Dies kommt durch den Silizium-zu-Luft Übergang an der Linsenoberfläche zustande.

η_a	η_p	η_s	η_tr
95,1 %	$\sim$ 100 %	90,3 %	67,0 %

Tabelle 3.1: Effizienzwerte einer ILA ohne Anpassschicht. [vdV99]

Durch eine geeignete Anpassschicht mit der Dicke $d_\mathrm{AS} = \lambda_{\varepsilon\mathrm{r}}/4$ kann die Transmissionseffizienz η_tr auf Werte $> 93\,\%$ erhöht werden. Dies ist in [vdVdMH99] für verschiedene Arten von Primärstrahlern gezeigt. Für die Variante ohne Anpassschicht ergibt sich demnach eine gesamte ILA-Effizienz $\eta_{\mathrm{ILA,ges}}$ von 57,5 %, wobei für die Variante mit Anpassschicht eine ILA-Effizienz von $>80\,\%$ erreicht werden kann. In dieser Arbeit werden aufgrund der schlechten Reproduzierbarkeit alle aufgebauten ILAs ohne

diese Anpassschicht hergestellt, um die Messergebnisse verschiedener ILAs besser miteinander vergleichen zu können.
Mit der Integration der abstrahlenden Elemente auf dem IC lassen sich SoC Applikationen realisieren, allerdings ergeben sich durch die benötigte Silizium-Linse Nachteile bezüglich der Aufbautechnik. Im Folgenden wird eine Aufbautechnik gezeigt, welche einen QFN-basierten Gehäusetyp für SoC Applikationen auf Basis von ILAs bereitstellt.

3.2 SMD-lötbare Gehäusekonzepte

Abhängig von der Verlustleistung des IC und den gewünschten Prozessschritten der Aufbautechnik werden innerhalb dieser Arbeit drei mögliche Gehäusekonzepte nach Abbildung 3.3 untersucht. In Abbildung 3.3a erfolgt der Wärmetransport hauptsächlich über die Silizium-Linse, die Bonddrähte und das keramische QFN-Gehäuse. Abhängig vom gewünschten ILA-Gewinn und der benötigten Wärmekapazität kann die Linse in ihrer Größe angepasst werden. Mittels Wärmestrahlung und freier Konvektion wird die Wärme an die Umgebung abgegeben. Für Systeme mit höheren Verlustleistungen muss entweder eine größere Linse verwendet werden oder das Konzept aus Abbildung 3.3b in Betracht gezogen werden. Hierbei wird ein zusätzliches siliziumbasiertes Umverdrahtungssubstrat eingesetzt, somit kann die Wärme effizienter an die Anschlusskontaktierungen des keramischen QFN-Gehäuses und somit durch Einbringung von thermischen Durchkontaktierungen an das PCB abgeleitet werden. Eine weitere Möglichkeit ist in Abbildung 3.3c gezeigt, bei der die Silizium-Linse durch eine beliebige dielektrische Linse ersetzt werden kann, um die hohen Kosten der Silizium-Linse einzusparen. Der Wärmetransport ist hierbei wie zuvor durch das siliziumbasierte Umverdrahtungssubstrat und das QFN-Gehäuse gegeben. Eine geeignete Linse für dieses Gehäusekonzept sollte dabei eine Permittivität in der Größenordnung von Silizium aufweisen, damit die Gegebenheiten nach (3.1) gültig bleiben und keine Reflexionen an einer zweiten dielektrischen Grenzschicht entstehen. Es gibt dabei speziell für HF-Anwendungen im Millimeterwellenbereich hergestellte Kunststoff-Granulate mit geringen Verlusten [Gmba] der Firma Premix Europe GmbH. Diese lassen sich durch Spritzguss, 3D-Druck oder Fräsen zu nahezu beliebigen Sphären bearbeiten.

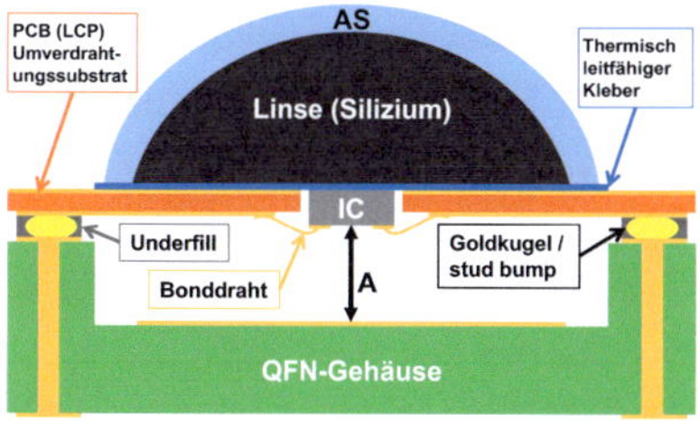

(a) IC auf Silizium-Linse

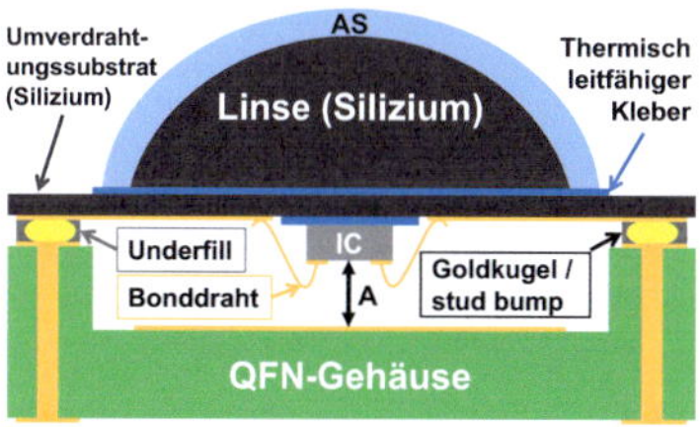

(b) IC auf siliziumbasierter Umverdrahtungsschicht

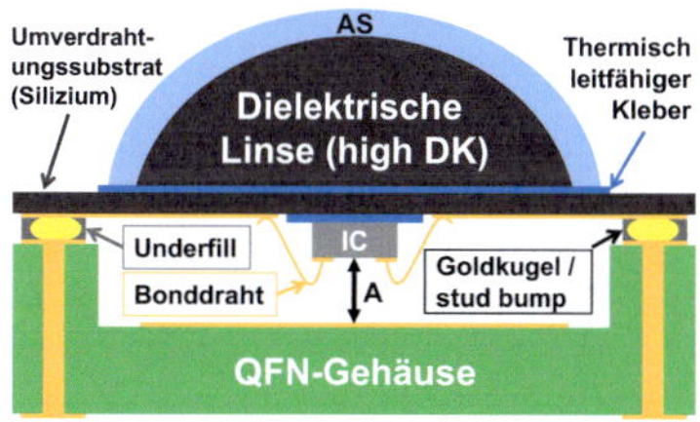

(c) IC auf siliziumbasierter Umverdrahtungsschicht und beliebiger dielektrischer Linse

Abbildung 3.3: Gehäusekonzepte für teilintegrierte ICs. [5]

Das Ziel der hier vorgestellten Gehäusekonzepte ist die Integration des Millimeterwellen-SoC in ein Gehäuse, welches in der Baugruppenfertigung nach IPC-Richtlinie mit Standardmaschinen [IR] auf eine Standard-PCB Platine gelötet werden kann. Durch das Abstrahlverhalten der ILA in Richtung des IC und damit der Linse, sind Materialien einzusetzen, welche den thermischen und elektrischen Anforderungen genügen. Für die Klebeverbindung des IC und der Linse benötigt man Materialien mit thermisch leitfähigen und elektrisch isolierenden Eigenschaften.

3.2.1 Thermische Anbindung des IC

Betrachtet man die thermischen Eigenschaften der verwendeten Materialien wird aus Tabelle 3.2 ersichtlich, dass Silizium eine sehr hohe thermische Leitfähigkeit λ_{th} besitzt, wobei die Klebeverbindung zwischen IC, Umverdrahtungssubstrat und Linse den Wärmefluss begünstigen muss. Zusätzlich muss sichergestellt sein, dass der Kleber neben der thermischen Leitfähigkeit auch elektrisch isolierende Eigenschaften aufweist. Deshalb sind thermische Kleber mit metallischen Füllstoffen nicht einsetzbar, da sie die abgestrahlten elektromagnetischen Wellen der Primärstrahler beeinflussen würden. Hinsichtlich der dielektrischen Materialparameter im Millimeterwellenbereich gibt es keine Angaben für thermische Kleber. Da es sich aber in der Regel um Polymer- bzw. Epoxidharz-basierte Kleber handelt, ist die Permittivität im Bereich einiger Kilohertz im Vergleich zu Silizium um einen Faktor 3 bis 4 geringer.

Material	ε_r @ GHz	$\tan\delta$ @ GHz	λ_{th} in W/(mK)
Rogers Ultralam 3908 (LCP) [KMUP14]	2,9 @ 10 3,17 @ 155	0,0025 @ 10 0,0057 @ 155	0,2
Emerson & Cumming Stycast 1266 [LFM+06]	3 @ 60 E-9 2,82 @ 420	0,02 @ 60 E-9 0,023 @ 420	0,2 [TPH+11]
Polytec TC 430-T [Dat]	3,76 @ 1 E-6 3,21 @ 140	0,0039 @ 1 E-6 0,021 @ 140	0,7
Rogers TMM10i [Cor]	9,9 @ 40	0,002 @ 10	0,76
DuPont GreenTape 9K7	7,1 @ 10	0,0010 @ 10	4,6
Preperm L1000HF	10,0 @ 1	0,0008 @ 1	~0,5
SiGe IC	11,9	$\sigma = 2\,\mathrm{S/m}$	
Tydex HRFZ-Silizium-Linse [Tyd]	11,67	$\sigma = 4{,}17\,\mathrm{E}\text{-}4\,\mathrm{S/m}$	159

Tabelle 3.2: Materialien für verschiedene Aufbautechniken.

Aufgrund der sich daraus ergebenden dielektrischen Grenzschichten kann gezeigt werden, dass eine dünnere Klebeschicht zu einer besseren elektrischen und auch thermischen Performanz führt. Für die Realisierung von dünnen Klebeschichtdicken ist die Zusammensetzung des zu verwendeten Klebers zu betrachten. Dabei ist die minimale Partikelgröße der Füllstoffe und deren Abrasionsverhalten entscheidend. Häufig werden abrasive Al_2O_3-Füller eingesetzt, hierbei ist die minimale Partikelgröße bei kommerziell erhältlichen Klebstoffen auf ~30 µm begrenzt. Die Partikelgröße ist bei abrasiven Füllstoffen ein Maß für die minimale Klebeschichtdicke. Diese Schichtdicken können im Millimeterwellenbereich bereits Einfluss auf die elektrischen Eigenschaften nehmen, weshalb eine Minimierung der Schichtdicke angestrebt wird. Unter Verwendung eines Bornitrid-Füllstoffs, welcher nicht abrasive Eigenschaften besitzt, können problemlos Schichtdicken unter 5 µm realisiert werden. Dies ist durch die chemische Struktur von Bornitrid begründet, da sich die minimale Größe der Füllerstrukturen von unter 20 µm auf die laterale Größe bezieht, die Höhe der Füllerstrukturen ist nach Herstellerangaben unter 1 µm. In Tabelle 3.2 ist ein thermischer Kleber Polytec TC 430-T [Dat] auf Basis dieser Bornitrid-Füllerstrukturen aufgelistet. Für die nachfolgenden thermischen Simulationen wird die Software CST verwendet. Sämtliche Parameter der in der Simulation verwendeten Materialien sind in Tabelle 3.2 gelistet, zusätzlich sind die Parameter der thermischen Simulation in Tabelle 3.3 angegeben.

Wärmeübergangskoeffizient Luft↔Linse	10 W/(m^{2}K) [Kuc07]
Wärmeübergangskoeffizient Luft↔Anpassschicht	5 W/(m^{2}K) [Kuc07]
Wärmeübergangskoeffizient Luft↔PCB	5 W/(m^{2}K) [Kuc07]
Umgebungstemperatur	21°C
Durchmesser der Linse	12 mm
QFN-Gehäuse Kantenlänge	8 mm
PCB Kantenlänge	30 mm
Bonddrahtdurchmesser	25 µm
Anzahl Halbleiter-Anschlusspads	21 (je 80 x 80 µm^2)
Wärmeleistung des IC	300 mW
Dicke Umverdrahtungsschicht (LCP)	100 µm
Dicke Umverdrahtungsschicht (Silizium)	300 µm
Dicke Anpassschicht (Polytec TC 430-T)	250 µm
Klebeschichtdicke IC↔Linse oder Umverdrahtungsschicht	5 µm

Tabelle 3.3: Parameter für die thermischen Simulationen. [5]

Der IC ist jeweils mit dem thermischen Kleber Polytec TC 430-T mit der siliziumbasierten Umverdrahtungsschicht oder der Silizium-Linse verbunden. Die Unterseite des ICs, sowie die Bonddrahtverbindungen der Kontaktflächen des ICs und der Umverdrahtungsschicht weisen den größten Wärmefluss auf, wobei der IC selbst die Wärmequelle darstellt. Das 8 x 8 mm^2 QFN-Gehäuse ist auf einem 35 x 35 mm^2 PCB mit zusätzlichen Metalllagen zur Wärmeabfuhr kontaktiert. Die Wärmeübergangskoeffizienten der Grenzflächen sind aus der Literatur abgeschätzt [Kuc07]. Die Gehäusekonzepte aus Abbildung 3.3 werden in thermischen Simulationen abgebildet, um den Temperaturverlauf bestimmen zu können. Jedes Gehäusekonzept wird mit und ohne Anpassschicht auf der Silizium-Linse thermisch untersucht. Die 250 µm dünne Anpassschicht wird in den thermischen Simulationen mit dem Polytec TC 430-T Kleber realisiert. Eine Dreiviertelansicht mit Schnitt durch den IC im Gehäusekonzept (a) ist in Abbildung 3.4 dargestellt.

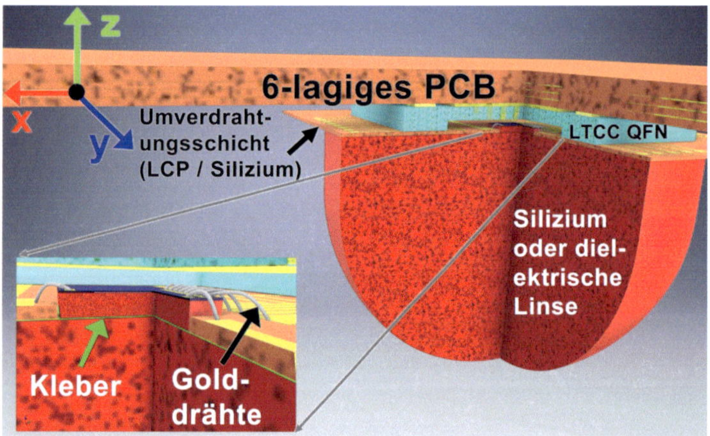

Abbildung 3.4: Dreiviertelansicht der thermischen Simulation von Gehäusekonzept (a). Entsprechend dieser Simulation wurden auch die beiden anderen Gehäusekonzepte thermisch untersucht. [5]

Die Wärmeabfuhr vom QFN-Gehäuse zum PCB wird in allen Simulationen nur durch den mittigen Anschluss des QFN-Gehäuses realisiert, welcher allerdings nicht direkt mit dem IC verbunden ist. Eine erweiterte Wärmeabfuhr für alle Gehäusetypen kann realisiert werden, indem nicht benötigte

QFN Anschlussflächen als thermische Durchkontaktierungen zum PCB hin dienen. In der xz-Ebene der thermischen Simulation wird die Temperatur an einem senkrechten Schnitt durch den IC aufgezeichnet und in Abbildung 3.5 dargestellt.

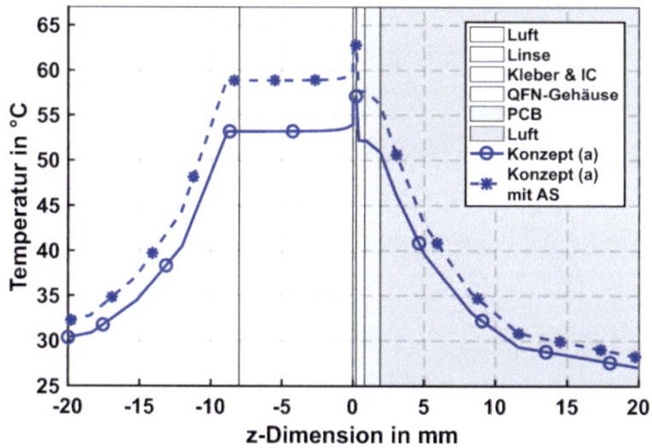

(a) Gehäusekonzept (a)

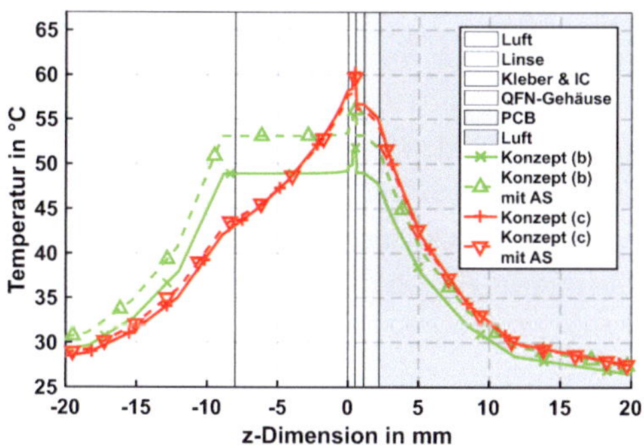

(b) Gehäusekonzepte (b) und (c)

Abbildung 3.5: Temperaturschnitt in der xz-Ebene durch den IC für die verschiedenen Gehäusekonzepte mit und ohne Anpassschicht aus Abbildung 3.3. Das Maximum jeder Kurve stellt den IC dar. [5]

Die Maximaltemperatur der verschiedenen Gehäusevarianten ist immer an der Wärmequelle (IC) zu verzeichnen. Bei der Verwendung einer Silizium-Linse (Konzept (a) und (b)) ist zu erkennen, dass der Wärmetransport hierüber deutlich stärker ausgeprägt ist als bei Verwendung einer thermisch schlecht leitfähigen dielektrischen Linse (Preperm L1000HF) wie in Gehäusekonzept (c). Die Temperatur des IC bleibt in allen unterschiedlichen Fällen unter 65°C, wobei die Temperatur mit dem Gehäusekonzept (b) ohne Anpassschicht auf 52°C gesenkt werden kann. Am Gehäusekonzept (c) erkennt man, dass die Anbringung der Anpassschicht keinen weiteren Temperaturanstieg bedingt wie dies bei den Konzepten (a) und (b) zu erkennen ist. Für SoCs mit höheren Verlustleistungen sollte in Betracht gezogen werden, zusätzliche Mechanismen zur Wärmeabfuhr an der siliziumbasierten Umverdrahtungsschicht anzubringen, indem die nicht benutzten Anschlusskontaktflächen des QFN-Gehäuses als thermische Durchkontaktierungen verwendet werden. Dies würde einen erhöhten Wärmetransport in Richtung des PCB ermöglichen, in dem wiederum gezielte Metallflächen für eine höhere Wärmekapazität realisiert werden könnten. Für einen 120 GHz Radarsensor in der in dieser Arbeit verwendeten Halbleiter-Technologie wird im Datenblatt [Gmbb] eine maximale Sperrschichttemperatur von 150°C angegeben, weshalb die Kühlung für alle hier vorgestellten Gehäusekonzepte mit und ohne Anpassschicht als ausreichend anzusehen ist. Es ist allerdings anzumerken, dass die in dieser Simulation berechneten Maximalwerte nicht der Sperrschichttemperatur entsprechen, da die Wärmeverteilung auf dem IC in der Simulation nicht gesondert berücksichtigt ist. Falls die hier angewendeten Methoden zur thermischen Anbindung des IC nicht ausreichend sind oder aufgrund der Bestückungsdichte des PCB nicht praktikabel sind, kann eine weitere Möglichkeit zur Erhöhung der Wärmeabfuhr in Betracht gezogen werden. Dazu wird eine Metallplatte mit einer Aussparung in Linsengröße seitlich an die Linse mit einem thermisch leitfähigen Kleber angebracht. Dieses Konzept wurde in [SGS+16] für einen PCB-basierten Aufbau vorgestellt. Die thermischen Eigenschaften des Polytec TC 430-T sind exzellent für die vorgestellten Gehäusevarianten. Für eine erfolgreiche Verwendung müssen im Folgenden zusätzlich die elektrischen Eigenschaften des Klebers im Millimeterwellenbereich evaluiert werden.

3.2.2 Elektrische Performanz

Die durch die flachen Bornitrid-Füllstoffe sehr dünn zu realisierenden Klebeschichten im einstelligen Mikrometer-Bereich, wirken sich neben der Minimierung des thermischen Widerstandes auch positiv auf die elektrischen Gegebenheiten aus, da die dielektrischen Grenzflächen des Siliziums und des Klebers entsprechend klein gegenüber der Wellenlänge im hohen Millimeterwellenbereich sind. Zusätzlich müssen die Verluste des Klebers im Frequenzbereich >100 GHz bestimmt werden, um endgültig die Aussage treffen zu können, dass dieser Kleber für die vorgestellten Gehäusekonzepte brauchbar ist. Dazu werden die Materialparameter des Klebers im Folgenden mit geeigneten messtechnischen Untersuchungen ermittelt. Für den Frequenzbereich von 110 - 170 GHz konnte diese Bestimmung durch eine kommerziell erhältliche Materialcharakterisierung durchgeführt werden. Dazu wurde eine Polytec TC 430-T Materialprobe mit einer konstanten Dicke von 3,24 mm hergestellt, welche mit dem Materialcharakterisierungs-Kit der Schweizer Firma SWISSto12 vermessen wurde. Das Messverfahren verwendet dabei nach Herstellerangaben die auf dem Prinzip von Hohlleiter basierende Transmissions- und Reflexionsmethode, welche in [BJVK90] beschrieben ist. Die Permittivität ε_r und der Verlustwinkel $\tan\delta$ in Abhängigkeit der Frequenz sind in Abbildung 3.6 gezeigt.

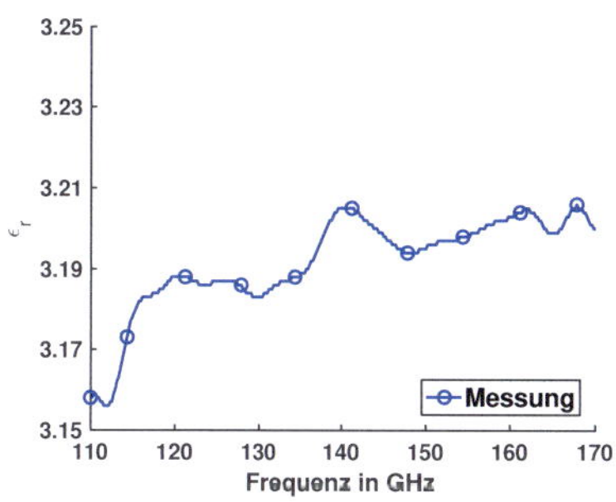

(a) Permittivität ε_r

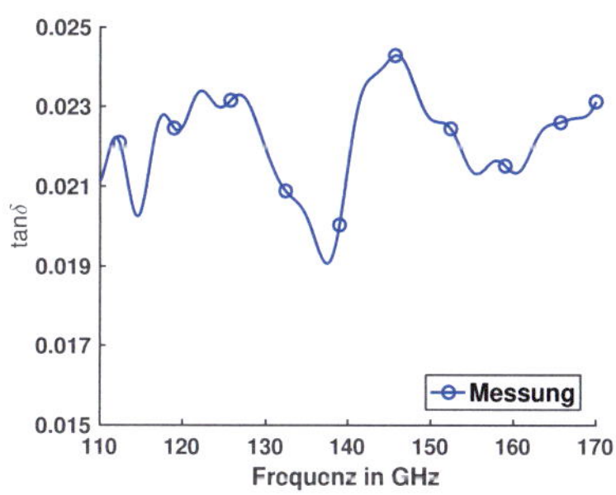

(b) Verlustwinkel $\tan\delta$

Abbildung 3.6: Dielektrische Eigenschaften des Klebers Polytec TC 430-T im Frequenzbereich von 110 - 170 GHz. [5]

Die angegebene Permittivität von 3,76 bei 1 kHz nach Tabelle 3.2 sinkt auf 3,21 bei Frequenzen um 140 GHz, wobei der Verlustwinkel tan δ um ungefähr eine Größenordnung auf 0,021 bei 140 GHz steigt.
Für die Frequenzen im Bereich von 205 - 325 GHz konnte auf dieses Verfahren nicht zurück gegriffen werden. Deshalb wurden innerhalb [Kut14] Antennenvergleichsmessungen durchgeführt und der Polytec TC 430-T mit anderen Klebern, welche in diesem Frequenzbereich spezifiziert sind, verglichen. Da die Aufbautechnik und deren Toleranzen in diesem Frequenzbereich eine große Rolle spielt, wurde darauf geachtet, einfach zu produzierende Testantennen (AUTs) herzustellen. Da eine auf Hohlleitern basierende Messung bzw. Kalibrierung exakter und einfacher durchgeführt werden kann als mit koplanaren Messspitzen, werden AUTs mit Hohlleiteranschlüssen bevorzugt. Deshalb wird aus Gründen der Reproduzierbarkeit, der geringen Kosten und des vereinfachten Messaufbaus als Primärstrahler ein WR3 Hohlleiterausgang verwendet. Dazu werden Hohlleiterscheiben gefertigt, welche die Grundlage einer AUT bilden. Diese wurden aus einer Messingscheibe mit einer Dicke von 500 µm hausintern gefertigt. Die genauen Abmessungen sind in Abbildung 3.7 gegeben.

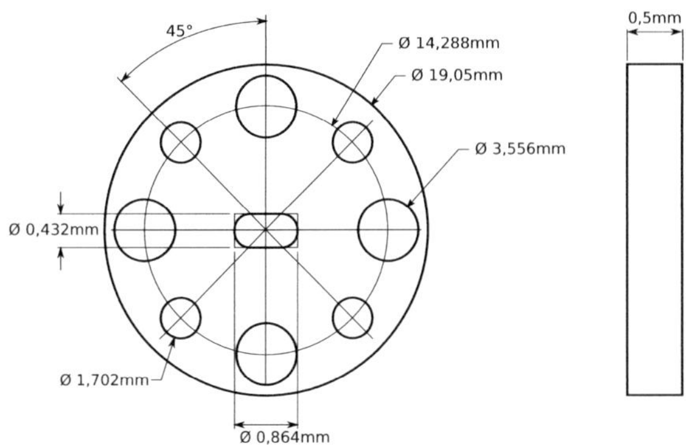

Abbildung 3.7: Abmessungen der WR3 Hohlleiterscheibe. [Kut14]

Dabei ist zu erkennen, dass die idealen rechteckigen WR3 Hohlleiterabmessungen von 864 x 432 µm^2 aufgrund dem Fräsradius von 200 µm nicht eingehalten werden können. Die abgerundeten Ecken bedingen die Steigerung der Cut-Off-Frequenz des Hohlleiters von 173 GHz auf 190 GHz. Die Fertigungstoleranzen der fünf verschiedenen Hohlleiterscheiben werden messtechnisch charakterisiert. Dazu wird ein Netzwerkanalysator PNA-X N5247A mit dem Millimeter Head Controller N5262A der Firma Keysight Technologies, sowie ein Millimeterwellen-Erweiterungsmodul V03VNA2-T/R-A der Firma OML inc. eingesetzt. Auf den kalibrierten WR3 Hohlleiterausgang des Millimeterwellen-Erweiterungsmodul wird die gefräste Hohlleiterscheibe gefolgt von einem Kurzschlusselement geschraubt. Für jede gefertigte Hohlleiterscheibe wird der komplexe Reflexionsfaktor gemessen. In Abbildung 3.8a sind die Amplitudendifferenzen des Reflexionsfaktors der Samples untereinander gezeigt, wobei Abweichungen von $\pm 0{,}15\,\mathrm{dB}$ auftreten. In Abbildung 3.8b sind die entsprechenden Phasendifferenzen gezeigt, wobei Toleranzen von $\pm 10°$ abgelesen werden können.

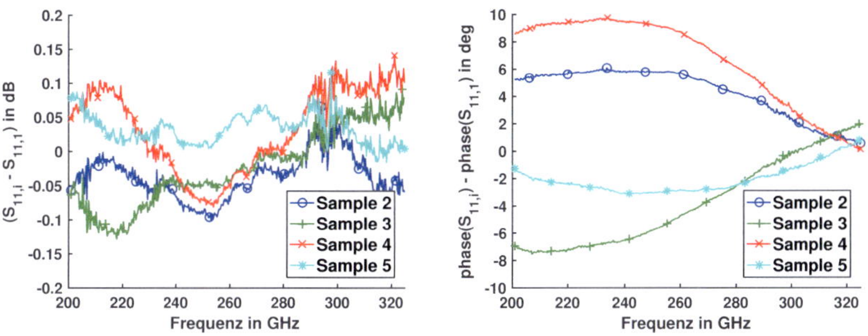

(a) Amplitudendifferenzen (b) Phasendifferenzen

Abbildung 3.8: Differenz der Reflexionsfaktoren und Phasen von Sample i und Sample 1. [Kut14]

Anhand der Phasendifferenz einer einzelnen kurzgeschlossenen Hohlleiterscheibe im Vergleich zur Referenzebene der Hohlleiter-Kalibration kann auf die Dicke der Hohlleiterscheiben zurückgerechnet werden. Die fünf gefertigten Hohlleiterscheiben haben demnach eine Dicke von $512 \pm 16\,\mu\mathrm{m}$. Zur Herstellung einer AUT wird auf diese Hohlleiterscheibe eine $75\,\mu\mathrm{m}$ dünne Schicht eines LCP-Materials (LCP 1) mit einer Grundfläche von $6 \times 6\,\mathrm{mm}^2$ aufgebracht, welche gleichzeitig als Klebeschicht für das folgende Keramikmaterial dient. Die Keramik besteht aus einem $380\,\mu\mathrm{m}$ dicken TMM 10i Substrat der Firma Rogers Corporation. Auf der Keramik wird eine Schicht

Kleber beziehungsweise eine weitere LCP-Schicht (LCP 2) aufgebracht, welche die Keramik mit der Silizium-Linse verbindet. Der Aufbau einer solchen AUT und ist in Abbildung 3.9 schematisch dargestellt.

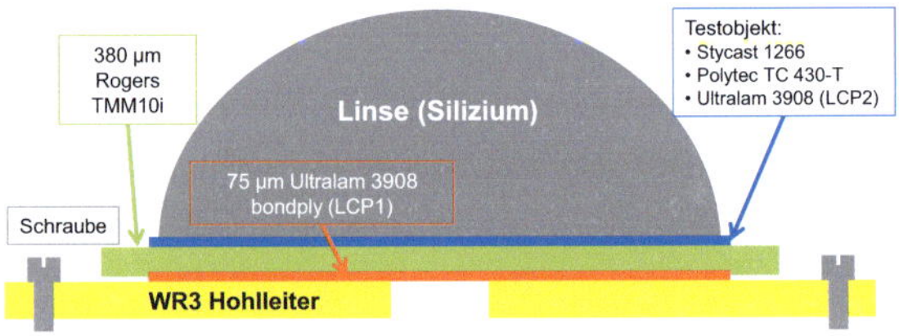

Abbildung 3.9: Schema des Antennenaufbaus zur Evaluation der verschiedenen Klebeverbindungen. [Kut14]

Die AUT kann zur messtechnischen Charakterisierung auf ein Millimeterwellen-Erweiterungsmodul mit Hohlleiterausgang geschraubt werden. Der Hohlleiterausgang wird dabei als Primärstrahler verwendet, da die TE_{10}-Mode des Hohlleiters in die Keramik einkoppelt und ein linear polarisiertes elektromagnetisches Feld anregt. Die dielektrischen Eigenschaften der Materialien sind in Tabelle 3.2 angegeben. Die Keramik weist eine Dielektrizitätszahl von 9,8 auf und approximiert das elektromagnetische Verhalten eines linear polarisierten Primärstrahlers auf einem IC mit einer Dielektrizitätszahl von 11,67, wie bspw. die vorgestellten Schlitzantennen aus Kapitel 3.1. Es werden drei AUTs mit unterschiedlichen Klebematerialien vermessen, die jeweiligen Klebeschichten bestehen dabei aus:

- Stycast 1266
- Polytec TC 430-T
- Ultralam 3908 (LCP2)

Um eine exakte Positionierung der einzelnen Schichten untereinander zu gewährleisten wird ein Flip Chip Bonder Fineplacer Pico der Firma Finetech verwendet. Die Silizium-Linse wird mit einer Kraft von 22 N auf die Keramik gedrückt, um eine möglichst flache Klebeschicht zu erhalten. Dabei werden für die Aushärtung der Klebeverbindungen die angegebenen Temperaturen aus den Datenblättern verwendet und es ergeben sich für die einzelnen Materialien folgende Prozessparameter:

- LCP-Schicht: 15 Minuten bei 282°C
- Stycast 1266: 60 Minuten bei 65°C
- Polytec TC 430-T : 15 Minuten bei 150°C

Für die messtechnische Charakterisierung der AUTs wird eine Teststrecke mit zwei Millimeterwellen-Erweiterungsmodulen aufgebaut. Dabei werden zunächst beide Module, wie in Abbildung 3.10a gezeigt, mit je einer Hornantenne betrieben und der Transmissionsfaktor bestimmt, wobei diese Messung als Referenz dient, da von beiden Hornantennen der Antennengewinn bekannt ist. Anschließend wird wie in Abbildung 3.10b gezeigt, eine der Hornantennen durch die jeweiligen AUTs ersetzt und jeweils die Transmissionsfaktoren bestimmt.

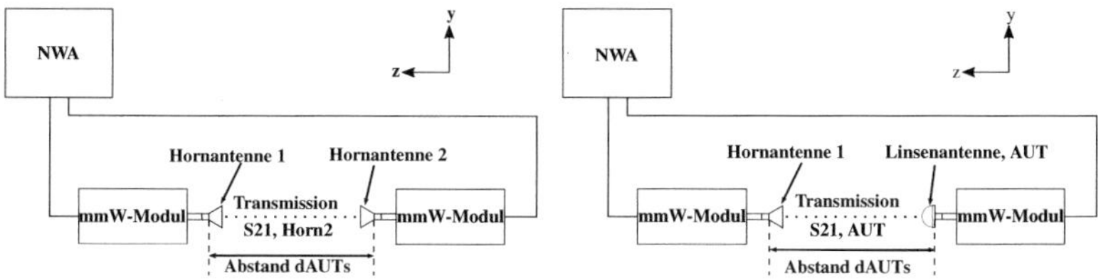

(a) Kalibrationsmessung mit Referenzhorn.

(b) Messaufbau mit AUTs.

Abbildung 3.10: Schema des Messaufbaus mit Netzwerkanalysator, Millimeterwellenmodulen und Antennen. [Kut14]

Gibt $S_{21,\mathrm{Horn2}} - S_{21,\mathrm{AUT}}$ die Differenz der Transmissionsfaktoren der Referenzmessung und einer AUT an, so entspricht dies der Differenz der realisierten Antennengewinne $RG_{\mathrm{Horn2}} - RG_{\mathrm{AUT}}$. Aus dieser Äquivalenz folgt: Da $S_{21,\mathrm{Horn2}}$ und $S_{21,\mathrm{AUT}}$ gemessen werden und RG_{Horn2} bekannt ist, kann der realisierte Antennengewinn der AUT RG_{AUT} nach (3.5) berechnet werden.

$$RG_{\mathrm{AUT}} = RG_{\mathrm{Horn2}} - \left(|S_{21,\mathrm{Horn2}}|^2 - |S_{21,\mathrm{AUT}}|^2\right) \tag{3.5}$$

Der realisierte Antennengewinn RG wird nach (3.6) durch den Antennengewinn G und den Reflexionsfaktor S_{11} beschrieben, zusätzlich lässt sich der Antennengewinn durch die Direktivität D und den Wirkungsgrad η beschreiben.

$$RG = G \cdot \left(1 - |S_{11}|^2\right) = \eta \cdot D \cdot \left(1 - |S_{11}|^2\right) \tag{3.6}$$

Der Fernfeldabstand d_{fern} für eine maximale auftretende Frequenz von 325 GHz (f_{fern}) und maximale Abmessungen der Hornantenne von 0,762 cm (D_{max}) berechnet sich nach (3.7) zu 12,6 cm. Für den Abstand zwischen den Millimeterwellen-Erweiterungsmodulen für alle Messungen wird deshalb ein konstanter Wert von $d_{\mathrm{AUTs}} = 20\,\mathrm{cm}$ gewählt.

$$d_{\mathrm{fern}} = \frac{2D_{\mathrm{max}}^2}{\lambda_{\mathrm{fern}}} \tag{3.7}$$

Für die Auswertung der Ergebnisse müssen zwei Korrekturfaktoren eingerechnet werden. Zum einen hat die Hornantenne 2 größere Abmessungen als die AUTs. Deshalb ist davon auszugehen, dass die Phasenzentren der beiden Antennen an unterschiedlichen räumlichen Positionen sind. Dies führt zu unterschiedlichen Freiraumdämpfungen, welche in die Ergebnisse eingerechnet werden müssen. Während der Abstand der Hornantenne zu einer AUT 18,5 cm beträgt, weist der Abstand der Phasenzentren der beiden Hornantennen lediglich eine Strecke von 17 cm auf. Diese Wegdifferenz entspricht bei einer Frequenz von 325 GHz einer zusätzlichen Freiraumdämpfung nach (1.1) von 0,735 dB. Dieser Wert wird vom gemessenen Transmissionsfaktor beider Hornantennen $S_{21,\mathrm{Horn2}}$ subtrahiert und dient somit als Korrekturfaktor für die Antennengewinne der AUTs. Des Weiteren wird der realisierte Gewinn RG nach (3.6) auf den Antennengewinn G umgerechnet, um den Einfluss des von der Antenne abhängigen Reflexionsfaktors S_{11} zu verringern. Die Messergebnisse der drei AUTs im Vergleich zur Simulation sind in Abbildung 3.11 dargestellt. Bei der Messung des Samples mit LCP-Klebeschicht (LCP 2) stimmt der Reflexionsfaktor im Bereich von 210 - 270 GHz gut mit der Simulation überein, wobei oberhalb von 280 GHz Abweichungen von bis zu 5 dB auftreten. Bei den Klebeschichten Stycast 1266 und Polytec TC 430-T kann im Frequenzbereich von 210 - 270 GHz eine gute Übereinstimmung erzielt werden und es ergeben sich im weiteren Frequenzverlauf bis 320 GHz maximale Abweichungen von lediglich 2 dB zur Simulation.

Die Reflexionsfaktoren der Samples mit Stycast 1266 oder Polytec TC 430-T Klebeschicht weichen teilweise deutlich von dem simulierten beziehungsweise gemessenen Reflexionsfaktor des Samples mit LCP-Klebeschicht (LCP 2) ab. Mögliche Gründe für diese Abweichungen sind durch unterschiedliche Dielektrizitätskonstanten von LCP, Stycast 1266 und Polytec TC 430-T (siehe Tabelle 3.2) gegeben. Außerdem sind aufgrund unterschiedlicher Viskositäten der jeweiligen Kleber unterschiedliche Klebeschichtdicken zwischen der Keramik und der Silizium-Linse in der Queransicht der AUTs zu erkennen. Die Abbildung 3.11b zeigt den nach 3.5 und 3.6 berechneten Gewinn der drei gemessenen AUTs im Vergleich zum simulierten Gewinn.

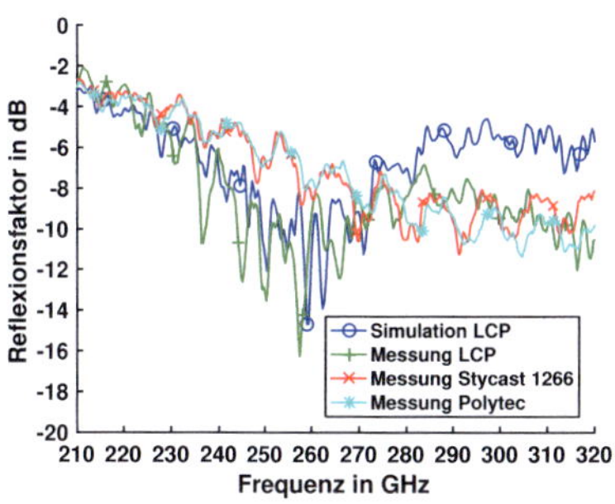

(a) Reflexionsfaktoren

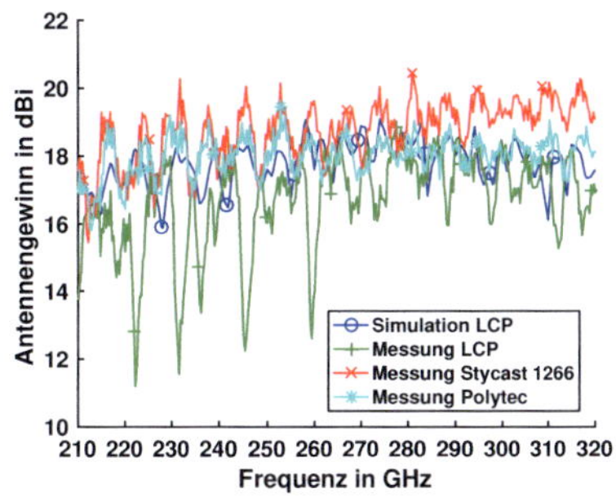

(b) Antennengewinne

Abbildung 3.11: Simulations- und Messergebnisse der drei Antennensamples mit unterschiedlichen Klebern. [Kut14]

Besonders die Messung der AUT mit LCP-Klebeschicht (LCP 2) weist hier einen Verlauf mit starken Schwankungen von bis zu 7 dB auf. Diese Schwankungen treten auch in der Simulation auf, fallen mit einer maximalen Höhe von bis zu 3 dB aber deutlich geringer aus. Der Gewinnverlauf der anderen beiden AUTs mit den Klebern Stycast 1266 und Polytec TC 430-T zeigen ebenfalls Schwankungen mit einer Höhe von 2 dB beziehungsweise 4 dB. Der Gewinn der zwei Klebe-AUTs zeigt von 210 - 260 GHz einen fast identischen Verlauf. Die berechneten Gewinnverläufe werden zur einfacheren Evaluation mit einem Gauß-Filter geglättet und sind in der Abbildung 3.12 zu sehen. Der Gewinn der gemessenen AUT mit LCP-Klebeschicht (LCP 2) weicht um bis zu 2 dB von dem simulierten AUT ab. Im Frequenzbereich von 210 - 260 GHz ist der Kleber Polytec TC 430-T nur geringfügig schlechter als der Stycast 1266, dessen Dielektrizitätszahl und Verluste bekannt sind. Die Differenz ist durch ein leicht unterschiedliches ε_r, durch eine Höhendifferenz der Klebeschicht oder höhere dielektrische Verluste des Polytec TC 430-T zu erklären. Beide Kleber zeigen über einen großen Frequenzbereich einen höheren Gewinn als der Gewinn des gemessenen und simulierten AUT mit LCP-Klebeschicht (LCP 2). Auch dies ist vor allem mit der geringeren Höhe des Klebers zu begründen. Eine simulative Untersuchung hat zusätzlich gezeigt, dass für dünnere Klebeschichten die Anpassung bis 270 GHz zwar schlechter, der Gewinn aber verbessert wird. Durch die Materialcharakterisierung im D-Band und die Vergleichsmessungen im H-Band konnte gezeigt werden, dass die Verluste des Polytec TC 430-T im Millimeterwellenbereich generell als akzeptabel angesehen werden können.

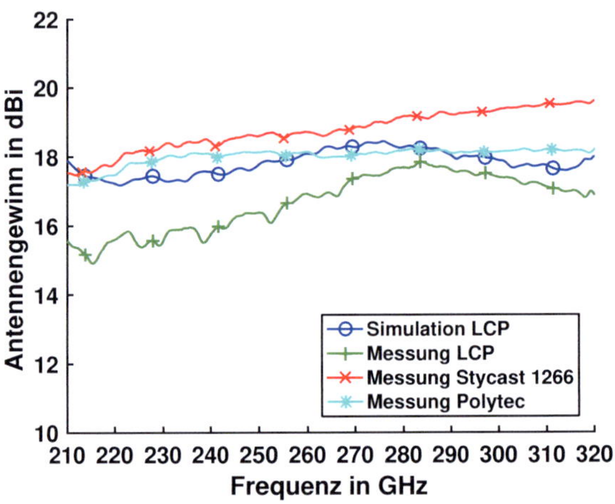

Abbildung 3.12: Antennengewinne der drei Antennensamples mit unterschiedlichen Klebern im Vergleich zur Simulation (geglättet). [Kut14]

Eine weitere zu untersuchende Größe ist der Abstand A des ICs zum metallisierten QFN-Gehäuse Boden nach Abbildung 3.3. Es ist zu erwarten, dass aufgrund der Gegebenheiten nach (3.1) keine merklichen Leistungsanteile in diese Richtung abgestrahlt werden, allerdings könnten bei zu geringem Abstand A zusätzliche Kopplungen mit dieser Metallfläche auftreten, welche die Stromverteilung des Primärstrahlers beeinflussen und damit das Abstrahlverhalten verändern. Zur Untersuchung des Abstrahlverhaltens wird der in der Abbildung 3.3a gezeigte Gehäuseaufbau mit der in Kapitel 3.1 eingeführten Schlitzantenne simuliert. In Abhängigkeit von dem Abstand A zwischen dem Primärstrahler im BEOL des ICs und der QFN-Metallfläche zeigt sich eine Veränderung der Gesamteffizienz und des realisierten Antennengewinns. Die Ergebnisse der minimalen Gesamteffizienz im Frequenzbereich 210 - 250 GHz, der Gesamteffizienz bei 230 GHz, des minimalen realisierten Antennengewinns im Bereich 210 - 250 GHz und des realisierten Antennengewinns bei 230 GHz sind in der Tabelle 3.4 aufgelistet.

Abstand A	Minimalwerte 210 - 250 GHz	230 GHz	Minimalwerte 210 - 250 GHz	230 GHz
100 µm	82 %	86 %	20,8 dBi	20,8 dBi
300 µm	84 %	87 %	21,8 dBi	22,1 dBi
500 µm	84 %	87 %	21,9 dBi	22,3 dBi
700 µm	84 %	87 %	21,8 dBi	22,1 dBi
900 µm	85 %	87 %	22,0 dBi	22,0 dBi
1100 µm	85 %	87 %	21,5 dBi	22,1 dBi

Tabelle 3.4: Veränderung der Gesamteffizienz und des realisierten Antennengewinns in Abhängigkeit des Abstandes A der Antenne zur Metallisierung des Gehäuses. [Kut14]

Als Referenz dient eine Schlitzantenne ohne Zuleitungen in einer Vakuumumgebung (Kapitel 3.1), welche im gesamten untersuchten Frequenzbereich einen Reflexionsfaktor <-10 dB aufweist. Es wird eine hemisphärische Silizium-Linse mit einem Durchmesser von 6 mm und einer Höhe von 4 mm verwendet. Im Bereich zwischen 210 - 250 GHz berechnet sich ohne Gehäusekomponenten eine minimale Antenneneffizienz von 87 % und ein minimaler realisierter Antennengewinn von 21,7 dBi. Die Tabelle 3.4 zeigt, dass oberhalb eines Abstandes von $A = 300\,\mu m$ (was einem $\lambda/4$ Reflektorabstand bei 250 GHz entspricht) der realisierte Antennengewinn im Bereich 21,5 - 22,0 dBi nur noch geringfügig variiert, außerdem ist die Variation der Gesamteffizienz zwischen 84 - 85 % annähernd konstant. An der Tabelle ist zusätzlich zu erkennen, dass der realisierte Antennengewinn bei $A = 500\,\mu m$ ein Maximum hat, und dass die Gesamteffizienz für größere A tendenziell zunimmt. Bei einem Abstand $A = 100\,\mu m$ sinkt die Gesamteffizienz auf 82 % und der realisierte Antennengewinn auf 20,8 dBi. Daraus lässt sich ableiten, dass ein Antennen-Reflektor-Abstand von <300 µm in diesem Frequenzbereich zu einer Verringerung der Leistungsfähigkeit der ILA führt. Für Abstände >300 µm zeigt sich ein nur geringfügig verändertes Abstrahlverhalten. Da rückseitig nur sehr geringe Leistungsanteile abgestrahlt werden, bringt die Anbringung eines $\lambda/4$ Reflektors keine merklichen Verbesserungen der Abstrahlcharakteristik. Die hier vorgestellten Gehäusekonzepte zielen auf eine SoC Applikation ab, damit gehen keine Signale im Millimeterwellenbereich durch die QFN-Gehäuseanschlüsse. Für breitbandige Kommunikations-SoCs mit hoher Datenrate kann es dennoch erforderlich sein, dass die benötigte Bandbreite im Basisband im Bereich einiger GHz liegt. Für Radar-SoC Applikationen liegt das Zwischenfrequenzsignal i. d. R. bei einigen MHz, jedoch kann ein Teilerausgangssignal des hochfrequenten Signals im Millimeterwellenbereich vorliegen, welches bspw. durch eine PLL den VCO des Radar-SoC steuert. Dieses Signal kann ebenfalls im Bereich einiger GHz liegen. Es wird dabei davon ausgegangen, dass die vorkommenden Signale durch die Gehäuseanschlüsse eine maximale Frequenz von ca. 10 GHz aufweisen. Betriebsfrequenzen bis 10 GHz sind bereits Stand der Technik für Bauteile auf Basis eines QFN-Gehäuses (bspw. Analog Devices HMC3587LP3BE [Dev]). Es wird davon ausgegangen, dass diese Betriebsfrequenzen auch mit den hier vorgestellten Gehäusekonzepten realisierbar sind. In dieser Arbeit wurde ein speziell angefertigtes LTCC-QFN-Gehäuse aus [Bee13] verwendet, welches eine maximale Dicke von 705 µm aufweist. Dies entspricht der maximalen Länge der QFN-Durchkontaktierungen für die Signale. Mit dem analogen Simulationsmodell, wie es bereits in den thermischen Untersuchungen aus Kapitel 3.2.1 verwendet wurde, wird eine elektromagnetische 3D-Feldsimulation durchgeführt, um zu prüfen, in welchem Frequenzbereich das hier verwendete QFN-Gehäuse praktikabel einsetzbar ist. Dazu wird je eine Streifenleitung mit der charakteristischen Impedanz von 50 Ω auf dem LCP-Umverdrahtungssubstrat und dem Standard-FR-4 PCB, auf dem das QFN kontaktiert ist, realisiert. Diese beiden

Streifenleitungen werden dementsprechend durch das QFN-Gehäuse verbunden, wobei die Masseflächen der LCP-Lage und des Standard-FR-4 PCB durch die dem Signal benachbarten QFN-Anschlüsse kontaktiert sind. Die simulierten S-Parameter sind in Abbildung 3.13 dargestellt und zeigen einen Reflexionsfaktor besser -10 dB im Frequenzbereich von 0 - 13,6 GHz, wobei die Einfügedämpfung in diesem Bereich maximal 1 dB beträgt.

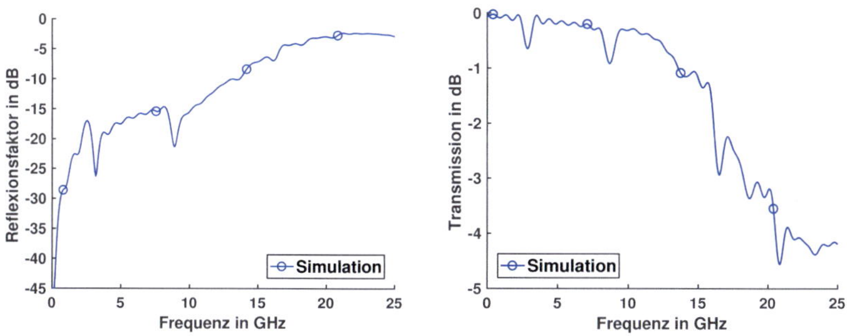

(a) S_{11} (b) S_{21}

Abbildung 3.13: Simulationsergebnisse der elektrischen Verbindung der Umverdrahtungsschicht mit dem PCB durch den Anschluss des QFN-Gehäuses.

Durch weitere Anpassungsmaßnahmen auf dem LCP- oder FR-4-Substrat oder der Verwendung eines anderen QFN-Gehäuses ist davon auszugehen, dass diese Bandbreite weiter optimiert werden kann. Dies ist abhängig von der Anwendung im Einzelfall zu prüfen. Nach der Charakterisierung der elektrischen Eigenschaften des Klebers und den Untersuchungen zur Beeinflussung des Abstrahlverhaltens durch Gehäusekomponenten muss ein geeigneter mechanischer Aufbau der Gehäusekonzepte untersucht werden.

3.2.3 Mechanische Realisierung

Die vorgestellten Gehäusekonzepte dienen dem Ziel ein Standard-lötbares QFN-Gehäuse mit Hilfe von bleifreien und RoHS-konformen Lötofenprozessen zu realisieren. Dabei können je nach Verfahren und verwendetem Lot Temperaturen von bis zu 350°C auftreten. Die Anforderungen an die

Aufbautechnik hinsichtlich der mechanischen Beständigkeit gegen diese Prozesstemperaturen müssen durch geeignete Materialien sichergestellt sein. Dabei fällt auf, dass das zuvor zur Charakterisierung des Polytec TC 430-T verwendete Vergleichsmaterial Stycast 1266 eine Glasübergangstemperatur deutlich unterhalb den zu erwarteten Lötprofil-Temperaturen aufweist und damit für hochverfügbare Klebeverbindungen direkt auszuschließen ist. Der Polytec TC 430-T Kleber weist eine Zersetzungstemperatur von 400°C auf und ist somit neben den thermischen und elektrischen Eigenschaften auch aus mechanischer Sicht praktikabel. Des Weiteren basieren alle weiteren elektrischen Verbindungen auf bekannten und standardisierten Goldbonddraht-Verbindungen und mittels Goldkugeln realisierten Flip-Chip-Verbindungen (Gold-Stud-Bumping), welche ebenfalls nicht anfällig gegenüber den auftretenden Temperaturen der Lötofenprozesse sind. Die Flip-Chip-Verbindungen des QFN-Gehäuses zur Umverdrahtungslage sind für langlebige Verbindungen durch einen Underfill-Prozess zu stabilisieren. In dieser Arbeit wird dafür ebenfalls auf den relativ dickflüssigen Polytec TC 430-T Kleber zurück gegriffen. Die Prozessschritte zur mechanischen Realisierung sind in Abbildung 3.14 dargestellt und verwenden für die Gehäusevarianten aus Abbildung 3.3 grundsätzlich ein planares Arbeitsumfeld. Dies ist zwingend erforderlich, um zuverlässig mit gängigen Bonddraht- bzw. Flip-Chip-Maschinen arbeiten zu können. Für die Arbeitsschritte bei der Aufbauvariante (a) ist eine spezielle Linsenhalterung anzufertigen, um planare Arbeitsschritte zu gewährleisten. Bei den Aufbauvarianten aus Abbildung 3.3b und 3.3c kann durch zusätzliche Passmarken (Fiducials) auf der Vorder- und Rückseite des Silizium-Umverdrahtungssubstrats die Platzierung der Linse als letzter Arbeitsschritt durchgeführt werden. Diese Vorgehensweise führt zu durchgängig planaren Arbeitsschritten für diese Gehäusevarianten, allerdings steigen durch die notwendigen Passmarken und den dadurch benötigten 2-Lagen Prozess die Kosten des Umverdrahtungssubstrats. Prinzipiell sind somit die Gegebenheiten für eine mechanische Realisierung für hochverfügbare Verbindungen erbracht, was im Rahmen dieser Arbeit noch anhand eines praktischen Aufbaus demonstriert wird. Eine Optimierung der Aufbautechnik hinsichtlich der Produktionstauglichkeit für hohe Stückzahlen (Massenmarkt) ist nicht Bestandteil dieser Arbeit.

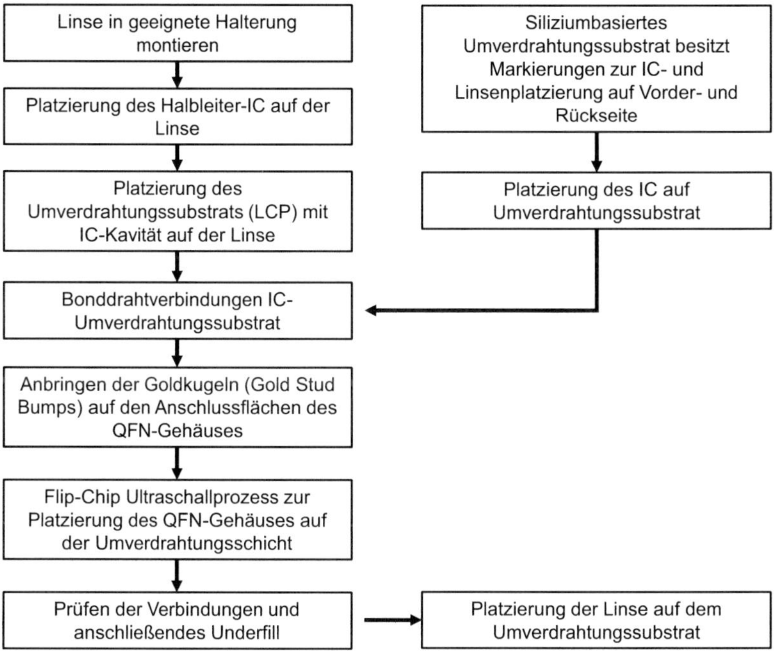

(a) Gehäusekonzept (a) (b) Gehäusekonzept (b) und (c)

Abbildung 3.14: Arbeitsschritte zur Herstellung der drei verschiedenen Gehäusevarianten aus Abbildung 3.3. [5]

3.3 Fazit

In diesem Kapitel wurden drei verschiedene Gehäusetechniken für SoC Applikationen mit ILAs präsentiert. Das Ziel war eine Aufbauvariante, welche den thermischen, elektrischen und mechanischen Anforderungen für SoC Applikationen genügt. Dabei wurde für eine Verlustleistung von 300 mW die thermische Tauglichkeit des Gehäuses anhand von Simulationen überprüft. Zusätzlich wurde mit elektrischen Vergleichsmessungen von Klebeschichten im Millimeterwellenbereich die Tauglichkeit der verwendeten Materialien nachgewiesen und anschließend ein mechanisches Aufbaukonzept vorgestellt, welches durchweg planare Prozessschritte beim Aufbau gewährleistet.

Dies führt zu einem QFN-Gehäuse, welches ohne zusätzliche HF-Kenntnisse auf Standard-PCB Platinen verwendet werden könnte.

4 Teilintegrierte Zweikanal-Radarsysteme

In diesem Kapitel werden Schlitzantennen mit verschiedenen Polarisationsmustern in Abhängigkeit der Speisung der anregenden Monopole präsentiert. Mit der Verwendung von differentiellen 90° Richtkopplern und zirkular polarisierten Primärstrahlern lässt sich je nach Speisung ein Amplitudenmonopuls-Radar oder ein Zweikanal-Radar realisieren. Die dazu untersuchten Primärstrahler und deren Einsatz in einem Radar-SoC werden simulativ und messtechnisch charakterisiert. Anhand eines Zweikanal-Radar-SoC wird die im vorherigen Kapitel 3 vorgestellte Aufbautechnik evaluiert.

4.1 Polarisationsarten von Schlitzantennen

Die in Kapitel 3.1 vorgestellte differentielle Schlitzantenne besitzt eine lineare Polarisation, wobei sich unter Verwendung von mindestens vier den Schlitz anregenden Monopolen theoretisch jede beliebige Polarisationsart realisieren lässt. In der UWB-Technik [AZW12] wurde eine dual polarisierte Schlitzantenne für Kommunikationszwecke verwendet, wobei die beiden orthogonal liegenden differentiellen Paare von Monopolen wie in Abbildung 4.1a jeweils mit zwei unterschiedlichen differentiellen Signalen $S1$ und $S2$ angeregt werden. Dabei konnte im UWB-Frequenzbereich eine hohe Kreuzpolarisationsunterdrückung von 21 dB erreicht werden [Ada10]. Eine weitere Möglichkeit besteht darin, alle vier Monopole mit dem selben Signal $S1$ zu speisen, wobei die Phasenbelegung wie in Abbildung 4.1b zu wählen ist. Dementsprechend überlagern sich die Felder der vier Monopole so, dass eine lineare Polarisation für die Gesamtantenne resultiert. Die Möglichkeiten zur zirkular polarisierten Abstrahlung sind gegeben, wenn die vier Monopole entsprechend Abbildung 4.1c mit 0°, 90°, 180°, 270° und dem selben Signal $S1$ gespeist werden. Durch Phasen- und Amplitudenvariationen der einzelnen Anschlüsse ist es zudem möglich, die Exzentrizität der abgestrahlten elektromagnetischen Welle zu beeinflussen.

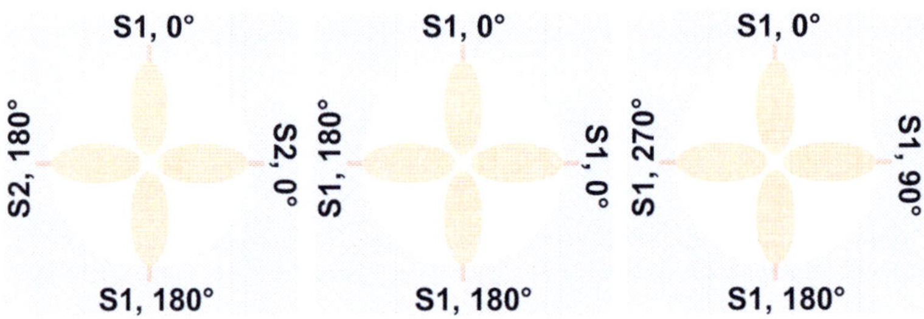

(a) Duale lineare Polarisation (b) Lineare Polarisation (c) Zirkulare Polarisation

Abbildung 4.1: Abstrahlungsverhalten der Schlitzantenne mit vier Monopolen bei unterschiedlichen Speisungen. [23] © 2017 IEEE.

4.2 Monostatische Radartypen mit Richtkopplern

Durch die Ausnutzung einer zirkularen Polarisation muss keiner der Durchgangsanschlüsse des Richtkopplers mit der Bezugsimpedanz abgeschlossen werden, wie dies bei bekannten monostatischen Konzepten mit linear polarisierten Antennen, wie in Abbildung 4.2a gezeigt, zu beobachten ist. Somit ergibt sich für das Konzept der zirkular polarisierten Abstrahlung eines monostatischen Radars aus Abbildung 4.2b theoretisch eine um 6 dB erhöhte Leistungsübertragungsbilanz des Radarsystems. Die Richtkoppler dienen bei dieser Radar-Topologie zur Entkopplung des Sende- und Empfangspfades, da bei Frequenzen im Millimeterwellenbereich keine Zirkulatoren verfügbar sind und auch nicht innerhalb eines Halbleiterprozesses integriert werden können. Wie bereits in Kapitel 3.1 erwähnt, liefert eine differentielle Speisung von Schlitzantennen ein konstantes Phasenzentrum. Dies lässt sich direkt auf die zirkulare Anregung mit vier Monopolen aus Abbildung 4.1c übertragen, weshalb die Speisesignale für die Monopole mit Hilfe von differentiellen 90° Richtkopplern erzeugt werden. Die aktiven Bauteile sollten dementsprechend ebenfalls in differentieller Topologie aufgebaut werden. In [SSG$^+$14] wurde die Realisierung eines monostatischen Radarsystems auf Basis dieses Konzeptes vorgestellt.

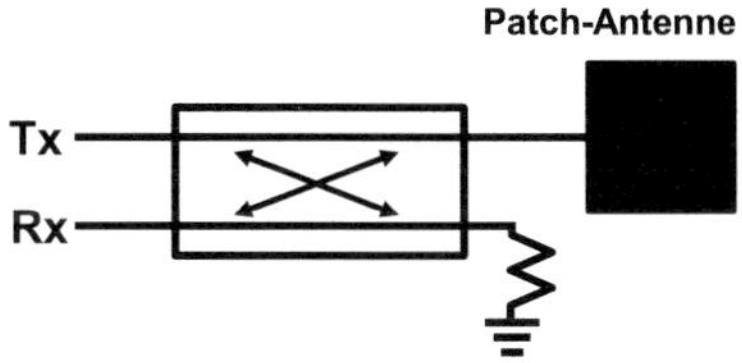

(a) Lineare Polarisation

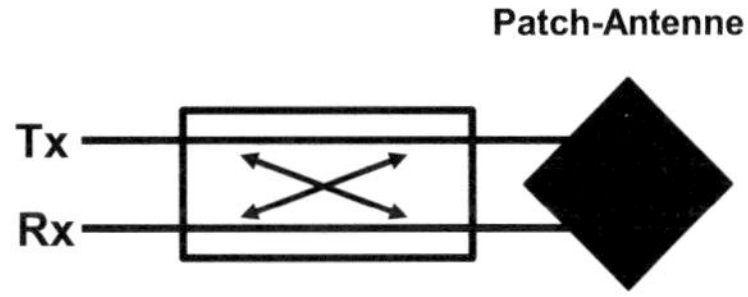

(b) Zirkulare Polarisation

Abbildung 4.2: Monostatisches Radarkonzept auf Basis von Richtkopplern.

In diesem Kapitel wird gezeigt, wie mit Hilfe von zwei Primärstrahlern ein Zweikanal-Radar-SoC aufgebaut werden kann, wobei die Primärstrahler von je einem differentiellen 90° Richtkoppler gespeist werden. Mit Hilfe der geometrisch eng benachbarten Primärstrahler können je nach Speisung der beiden differentiellen 90° Richtkoppler zwei unterschiedliche Radartypen realisiert werden. Für den ersten Typ werden die beiden differentiellen 90° Richtkoppler wie in Abbildung 4.3a gespeist. Dies führt für den Sendefall (TxA) zur konstruktiven Überlagerung der beiden abgestrahlten elektromagnetischen Felder, da die Monopole der beiden Primärstrahler mit demselben Signal und gleicher Phasenbelegung gespeist werden. Wird der Mittelpunkt der beiden Phasenzentren P_{Ph1} und P_{Ph2} der Primärstrahler wie in Abbildung 4.3a gezeigt auf den Fokuspunkt F der Linse ausgerichtet, erhält man eine einzelne senkrecht zum IC („Broadside") gerichtete Hauptkeule. Der Sendepfad (TxA) wird dabei aufgeteilt und speist beide Richtkoppler und somit beide Primärstrahler mit identischer Amplitude und Phase. Durch den Einsatz der Richtkoppler ergeben sich in dem hier verwendeten Konzept zwei separate Empfangspfade (Rx1 und Rx2). Im Umkehrschluss bedeutet dies aufgrund des Reziprozitätsprinzips, dass die beiden Primärstrahler im Empfangsfall getrennt zu betrachten sind und die Phasenzentren P_{Ph1} und P_{Ph2} der Einzelstrahler dementsprechend nicht auf dem Fokuspunkt F der Linse liegen, was zu einer Verschiebung der Hauptstrahlrichtung führt.

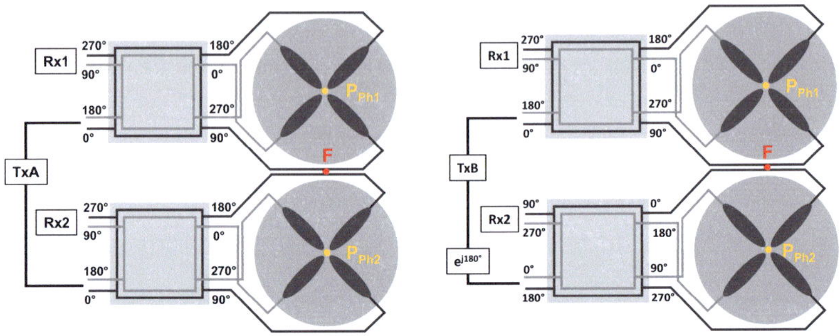

(a) Amplitudenmonopuls-Radar (TxA) (b) Zweikanal-Radar (TxB)

Abbildung 4.3: Die Speisung der differentiellen 90° Richtkoppler erlaubt die Realisierung von zwei verschiedenen Radartypen. [22] © 2016 IEEE.

In Abbildung 4.4a ist das prinzipielle Abstrahlverhalten für das Speisekonzept TxA gezeigt. Durch Bildung der Superposition der Richtcharakteristiken von TxA + Rx1 und TxA + Rx2 erhält man entsprechend der Auslenkung des Ziels auf einem der Empfangskanäle ein stärkeres bzw. schwächeres Empfangssignal. Mit Hilfe einer geeigneten Signalprozessierung beinhalten die Amplitudenwerte der beiden Empfangskanäle somit eine Winkelinformation, welche ausgewertet werden kann. Damit ist dieses Antennenkonzept zur Implementierung in einem Amplitudenmonopuls-Radar brauchbar. Aus Sicht der Leistungsübertragungsbilanz ergeben sich für dieses Konzept weitere Vorteile. Durch die Leistungsaufteilung im Sendepfad ist es möglich, vor den jeweiligen differentiellen Eingängen der Richtkoppler Leistungsverstärker einzubringen, deren Ausgangsleistung in den Primärstrahlern wieder kombiniert wird. Betreibt man diese beiden parallelisierten Verstärker in Sättigung, ist eine theoretische Erhöhung der Sendeleistung um 3 dB zu erreichen. Der zweite Radartyp lässt sich durch eine 180° Phasendrehung an einem der beiden differentiellen Eingänge des Richtkopplers, wie in Abbildung 4.3b gezeigt, erreichen. Dies führt nicht zur im obigen Fall gewünschten Überlagerung im Sendefall, da die vier Monopole der Schlitzantenne nicht mit der gleichen Phasenbeziehung angeregt werden. Durch die 180° Phasendrehung bilden sich bereits im Sendefall (TxB) zwei getrennte Hauptstrahlkeulen aus, welche in entgegen gesetzte Richtungen zur Abstrahlung senkrecht des ICs orientiert sind und nahezu deckungsgleich mit den entsprechenden

Richtcharakteristiken für den Empfangsfall (Rx1 und Rx2) sind. Die Superposition von TxB + Rx1 und TxB + Rx2 ergibt damit die Charakteristik eines Zweikanal-Radars mit zwei separierten Hauptkeulen wie in Abbildung 4.4b gezeigt.

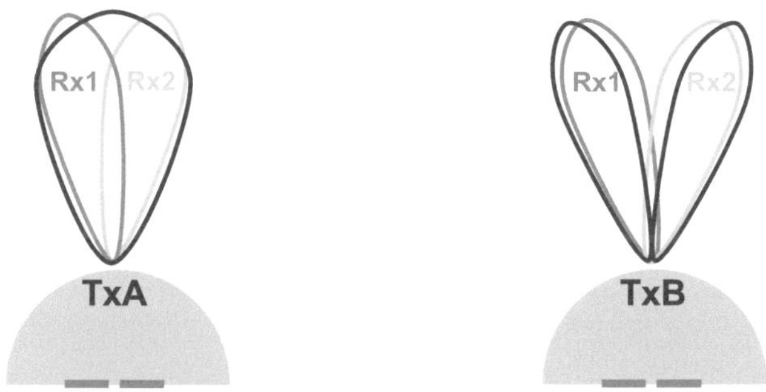

(a) Amplitudenmonopuls-Radar (TxA)

(b) Zweikanal-Radar (TxB)

Abbildung 4.4: Schematisch dargestellte Richtcharakteristiken.

4.3 Antennensystem für ein Amplitudenmonopuls-Radar

Zur Verifikation der abstrahlenden Elemente eines Amplitudenmonopuls-Radar (Typ TxA) wurde ein separater IC gefertigt, bei dem die drei Signalpfade TxA, Rx1 und Rx2 jeweils durch einen 50 Ω CPW Anschluss repräsentiert werden. Die Generierung der differentiellen Signale erfolgt durch verteilte Transformatoren (DTs), die sich aufgrund ihrer sehr kompakten Baugröße von nur 95 x 95 μm^2 in diesem Frequenzbereich gut zur Implementierung eignen. Da die hier betrachteten DTs lediglich der Signalgenerierung dienen und für das eigentliche Konzept eines Antennensystems für ein Amplitudenmonopuls-Radar keine Relevanz haben, erfolgt eine genauere Betrachtung und messtechnische Charakterisierung solcher DTs erst in Kapitel 5.2 bzw. in [PWM+15]. Zur Veranschaulichung ist der DT des Tx-Pfades mit zwei quasi-differentiellen Ausgängen in Abbildung 4.5a gezeigt.

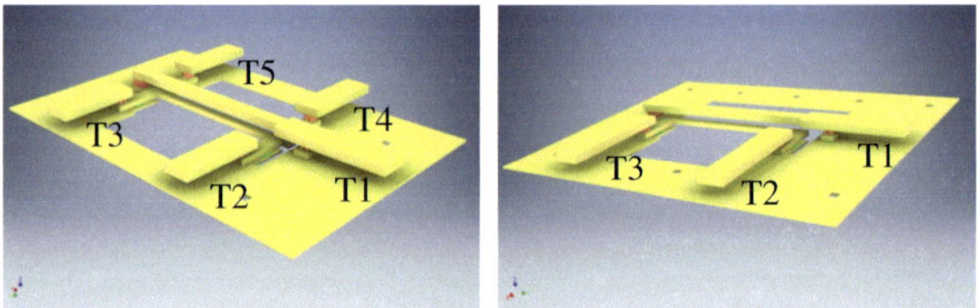

(a) DT TxA-Kanal (b) DT Rx-Kanäle

Abbildung 4.5: Einzelkomponenten für die Amplitudenmonopuls-ILA.

Da der DT nicht separat platziert wurde, stehen lediglich Simulationsergebnisse für eine Performanzanalyse zur Verfügung. Die simulierten S-Parameter dieses DT zeigen im Frequenzbereich von 120 - 130 GHz nach Abbildung 4.6 maximal simulierte Amplituden- und Phasenabweichungen der Ausgänge von 1 dB in der Amplitude und 1,9° in der Phase. Die -10 dB-Bandbreite des Reflexionsfaktors von dem DT im Tx-Pfad beträgt 123 GHz und weist Verluste von 0,9 dB bei 122,5 GHz auf.

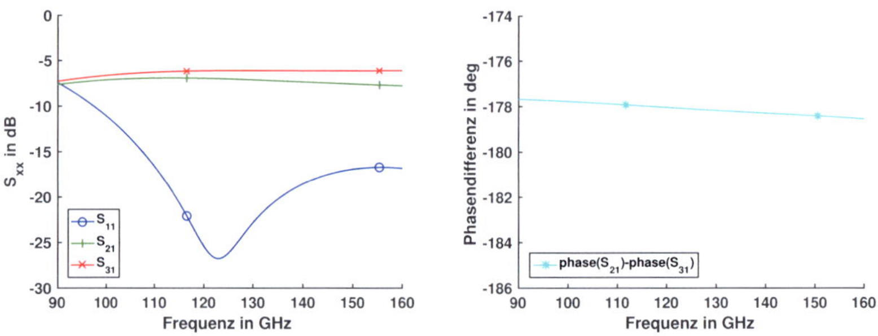

(a) Amplitude (b) Phase

Abbildung 4.6: Simulierte S-Parameter für den DT mit 4 x 50 Ω Ausgängen (TxA-Pfad). Die Simulationsdaten von Anschluss 4 und 5 sind aufgrund von Symmetrie nicht gezeigt. [22] © 2016 IEEE.

Die DTs der Rx-Pfade mit einem quasi-differentiellen Ausgang sind in Abbildung 4.5b dargestellt. Sie erfüllen nicht das Transformationsverhältnis der Ein- und Ausgänge nach (5.4) und weisen wie in Abbildung 4.7a zu sehen, eine für solche DTs verhältnismäßig schlechte Eingangsanpassung von -6,7 dB bei 122 GHz auf.

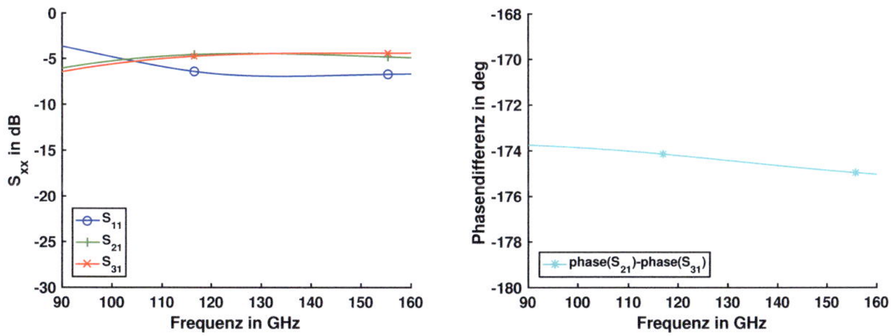

(a) Amplitude (b) Phase

Abbildung 4.7: Simulierte S-Parameter für den DT mit 2 x 50 Ω Ausgängen für die Signalgenerierung der Rx-Pfade. [22] © 2016 IEEE.

Beim Design wurde auf eine konstante Amplitudenaufteilung und einen möglichst geringen Phasenversatz der quasi-differentiellen Ausgänge geachtet, um die Phasen- und Amplitudenbeziehungen der einzelnen Monopole bestmöglich zu gewährleisten. Die schlechte Eingangsanpassung dieser DTs spielt eine untergeordnete Rolle, da sie bei den nachfolgenden kalibrierten ILA Gewinnmessungen herausgerechnet werden kann. Die DTs im Rx-Pfad weisen Amplituden- und Phasenabweichungen von 0,2 dB und 6° auf.
Die differentiellen 90° Richtkoppler werden als gestapelte Variante aufgebaut. Dies bedeutet, dass die geometrisch in der Mitte liegende Metallschicht M 5 als Massefläche für beide Richtkoppler dient. Die in 50 Ω Streifenleitungstopologie aufgebauten Koppler in Metallschicht M 1 und TM 2 werden durch kapazitiv wirkende offene Stichleitungen hinsichtlich ihrer Baugröße optimiert, wobei eine Größenreduktion von 38 % verglichen mit einem traditionell im BEOL realisierten $\lambda/4$ Richtkoppler erzielt werden kann. Die Struktur dieser Richtkoppler ist in Abbildung 4.8 dargestellt.

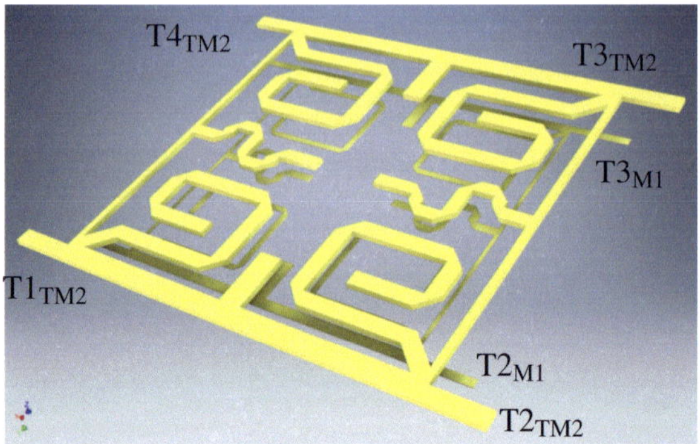

Abbildung 4.8: Differentieller 90° Richtkoppler (ohne Massefläche M 5).

Die Amplituden- und Phasenaufteilungen der einzelnen Ausgänge für den in der Metalllage M 1 realisierten Richtkoppler sind in Abbildung 4.9 gezeigt. Für den Betriebsfrequenzbereich von 120 - 130 GHz weichen die Phasen der beiden Ausgänge um maximal 4° zum Idealwert von 90° ab.

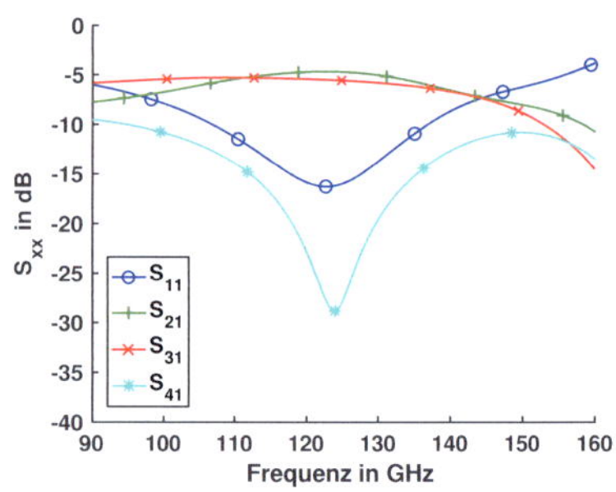

(a) Amplitude (M 1)

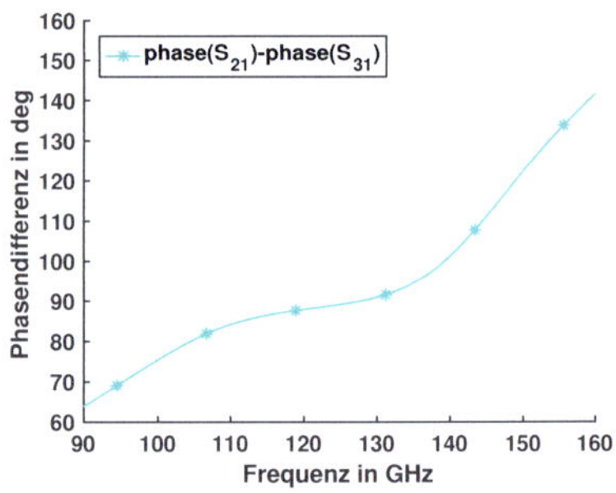

(b) Phase (M 1)

Abbildung 4.9: Simulierte S-Parameter für den realisierten Richtkoppler in der untersten Metalllage (M 1). [22] © 2016 IEEE.

Für den in der Metalllage TM 2 realisierten Richtkoppler sind die entsprechenden Simulationsergebnisse in Abbildung 4.10 gezeigt. Aufgrund der BEOL-Technologie des Halbleiterprozesses kann gezeigt werden, dass der in Metalllage M 1 realisierte Richtkoppler für die Transmission S_{31} um 0,6 dB höhere Verluste aufweist, als der in TM 2 realisierte Richtkoppler. Die höheren Verluste sind einerseits auf die dünnere Metallschichtdicke und den daraus resultierenden höheren Verlusten zurück zu führen, andererseits werden Anteile der Feldkomponenten der Streifenleitungs-Mode teilweise in dem verlustbehafteten Siliziumsubstrat geführt und nicht wie für die TM 2-Variante im SiO_2-Substrat des BEOL-Prozesses und Luft. Betrachtet man die Performanz der Richtkoppler bei 122,5 GHz ergeben sich für den in Metalllage TM 2 realisierten Richtkoppler Verluste von 1,6 dB. Dabei weist er bei einer vernachlässigbaren Amplitudenabweichung der Durchgangsanschlüsse eine Phasenabweichung von nur 0,6° vom Idealwert von 90° auf. Der Richtkoppler in der untersten Metallebene M 1 zeigt Verluste von 2,2 dB bei 122,5 GHz, die Amplitudenabweichung erreicht einen Wert von 0,8 dB bei einer Phasenabweichung von 1,5°.

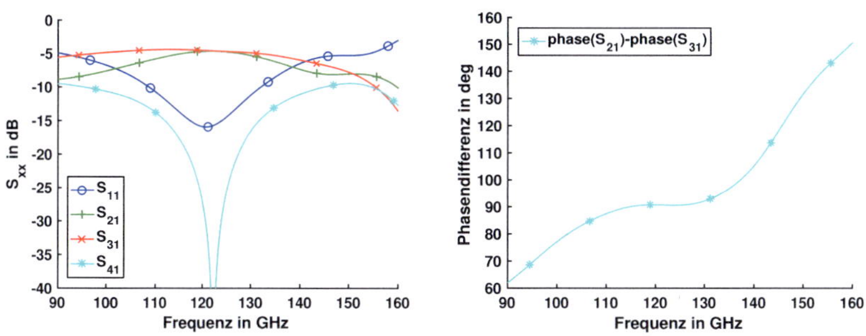

(a) Amplitude (TM 2)

(b) Phase (TM 2)

Abbildung 4.10: Simulierte S-Parameter für die realisierten Richtkoppler in der obersten Metalllage (TM 2). [22] © 2016 IEEE.

Das gesamte ILA-Antennensystem für ein Amplitudenmonopulsradar ist in Abbildung 4.11 dargestellt, dabei sind die Einzelkomponenten zur Signalerzeugung aus Abbildung 4.5, Abbildung 4.8 und die Primärstrahler zusammengeschaltet. Die Primärstrahler bestehen aus den in Abschnitt 4.1 vorgestellten Schlitzantennen. Die Verbindungsleitungen zwischen den Ausgängen des Richtkopplers und den Anschlüssen der Monopole besitzen die gleiche elektrische Länge, wobei eine Leitungsüberkreuzung nötig ist, um die Monopole in der richtigen Reihenfolge zu kontaktieren. Mit einem Schlitzdurchmesser d_s von 380 µm ergibt sich nach (3.2) eine untere Grenzfrequenz $f_{c,min}$ des Primärstrahlers von 114 GHz. Der Abstand zwischen den Primärstrahlern wird so gewählt, dass sie geometrisch möglichst nahe aneinander liegen, ohne dass die beiden Zuleitungen zwischen den Primärstrahlern Verkopplungen aufweisen. Durch diesen geringen Abstand kann gewährleistet werden, dass die Primärstrahler bei der Speisung mit gleicher Phase (TxA) durch Superpositionsbildung der Einzelstrahler einen einzelnen senkrecht zum IC gerichteten Hauptstrahl ausbilden. Zudem darf der Abstand der Primärstrahler nicht beliebig erweitert werden, da dies zur Ausbildung von getrennten Hauptkeulen jedes Primärstrahlers führen würde.

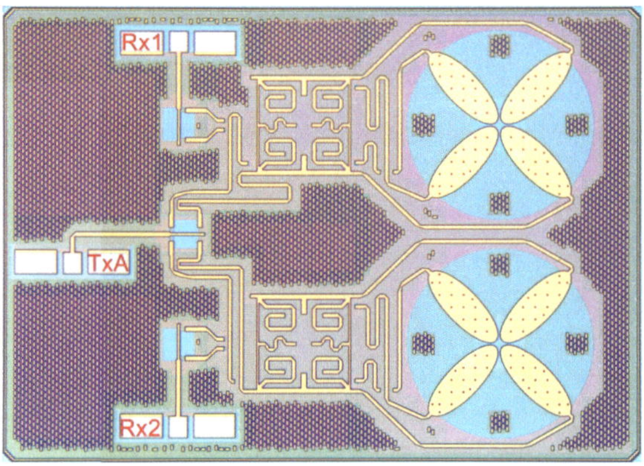

Abbildung 4.11: Antennensystem für ein teilintegriertes Amplitudenmonopuls-Radar (TxA) mit DTs, differentiellen 90° Richtkopplern und zirkular polarisierten Schlitzantennen auf einer IC-Fläche von 1.3 x 0.9 mm^2. [22] © 2016 IEEE.

Das hergestellte System mittels zwei Primärstrahlern wurde mit Hilfe des in Kapitel 3 evaluierten elektrisch isolierenden Polytec TC 430-T Klebers auf eine hemisphärische Silizium-Linse mit 12 mm Durchmesser und 8 mm Höhe aufgeklebt. Aufgrund einer geringen Kleberdicke von ca. 5 µm können die dielektrischen Eigenschaften des Klebers (niedrigere Permittivität als Silizium) vernachlässigt werden. Für die messtechnische Verifikation können die drei Anschlüsse für den TxA-, Rx1- und Rx2-Pfad, wie in Abbildung 4.11 gezeigt, separat vermessen werden. Aufgrund der hohen Entkopplung von >30 dB der einzelnen CPW-Anschlüsse werden die zur Messung nicht kontaktierten Anschlüsse nicht mit der CPW-Anschluss Impedanz abgeschlossen, da die Reflexionen an den offenen Anschlüssen vernachlässigbar sind. Wie bereits aus den Simulationsergebnissen in Abbildung 4.7 ersichtlich, sind die gemessenen Reflexionsfaktoren für die Anschlüsse Rx1 und Rx2 in Abbildung 4.12 schlechter im Vergleich zum Anschluss TxA, wobei die Simulations- und Messergebnisse der Reflexionsfaktoren aller Anschlüsse eine sehr gute Übereinstimmung aufzeigen.

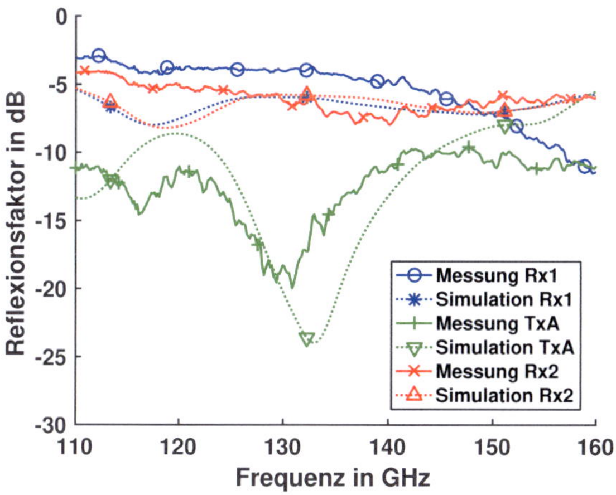

Abbildung 4.12: Gemessene Reflexionsfaktoren bei der Kontaktierung des TxA, Rx1 oder Rx2 Anschlusses. [22] © 2016 IEEE.

Aufgrund der vorgeschalteten Richtkoppler haben die gemessenen Reflexionsfaktoren keine Aussagekraft über die Eingangsanpassung der Primärstrahler selbst, da bspw. bei der Kontaktierung von Anschluss TxA die Reflexionen der Primärstrahler zu den Anschlüssen Rx1 und Rx2 geleitet werden. Mit einer 2-Tor Messung der ILA, bei der die Anschlüsse TxA und Rx1 kontaktiert werden, können einige simulative Größen der Richtkoppler und der Primärstrahler interpretiert werden. Die differentiellen Richtkoppler weisen nach Abbildung 4.9 und 4.10 eine simulierte Isolation S_{41} besser als -29 dB auf. Für den Fall einer zirkularen Speisung, aber schlechten Eingangsanpassung des Primärstrahlers würde bei der hier durchgeführten 2-Tor Messung ein höherer Wert als die simulierte Isolation des Richtkopplers auftreten, da die reflektierte Leistung des Primärstrahlers zum isolierten Anschluss geführt wird. Um die Eingangsanpassung des Primärstrahlers bestimmen zu können, müssen die Verluste des Signalpfades von TxA nach Rx1, unter der Annahme einer Totalreflexion an den Anschlüssen der Monopole, bestimmt werden. Dies würde einer Eingangsanpassung des Primärstrahlers von 0 dB entsprechen und man erhält für eine entsprechende Simulation mit idealen Kurzschlüssen an den Anschlüssen der Monopole die Verluste des Signalpfads TxA-Rx1 zu 11,7 dB bei 122 GHz, wie in Abbildung 4.13a gezeigt. Diese simulierten Verluste können von dem real gemessenen Messwert der Transmission Tx1-Rx1 der ILA nach Abbildung 4.13a abgezogen werden und man erhält die Eingangsanpassung eines Primärstrahlers nach Abbildung 4.13b.

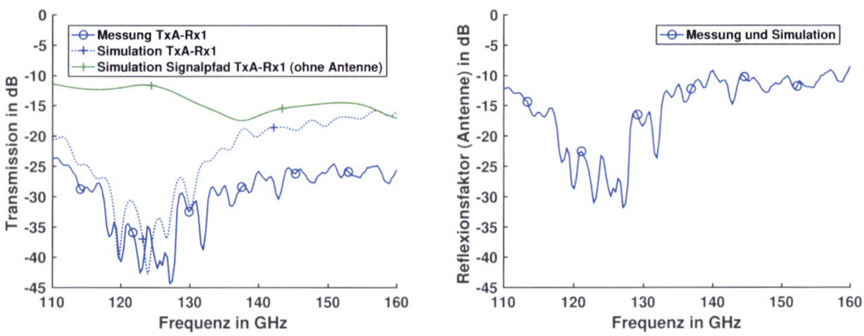

(a) Transmission (b) Reflexionsfaktor

Abbildung 4.13: Simulierte und gemessene Transmission von TxB - Rx1 und daraus extrahierter Reflexionsfaktor eines Primärstrahlers. [22] © 2016 IEEE.

Der berechnete Verlust von 11,7 dB des Signalpfads TxA-Rx1 ist keine Größe, welche bei der Verwendung eines Radar-SoC anzusetzen ist, da hier die Verluste der DTs, die schlechte Anpassung des Rx-DT und die Leitungsverluste vor den Richtkopplern entfallen. Nach dem Abzug dieser Werte aus den vorherigen Simulationen der Einzelkomponenten reduzieren sich die Verluste von 11,7 dB auf ca. 5,7 dB bei 122,5 GHz. Mit Hilfe dieser 2-Tor Messung lässt sich zusätzlich die direkte Kopplung des TxA und der Rx-Pfade bestimmen. Bei FMCW-Radaren spielt diese Größe eine wichtige

Rolle, da die direkte Verkopplung der Antennen stets das erste dominante Ziel darstellt und dadurch negative Auswirkungen auf die Messgenauigkeit im Nahbereich hat.
Anhand der einzelnen Richtcharakteristiken der Anschlüsse TxA, Rx1 und Rx2 ist die Funktionsweise des Amplitudenmonopuls ILA-Systems zu verifizieren. Die Richtcharakteristiken des Antennensystems werden auf einem Millimeterwellen-Antennenmessplatz vermessen [Bee13], welcher kalibrierte Gewinnmessungen nach dem Prinzip der Antennenvergleichsmethode ermöglicht. Für den Vergleich der Absolutwerte der gemessenen und simulierten Richtcharakteristiken müssen aufgrund der zirkularen Abstrahlung der ILA und der linear polarisierten Empfangsantenne des Messsystems beide orthogonalen Polarisationsebenen gemessen werden. Für die Gewinn- bzw. Direktivitätsberechnung ist anschließend das Betragsquadrat der realisierten Gewinne beider Polarisationsebenen RG_{copol} und RG_{xpol} nach (4.1) zu berechnen. Bei den Antennenmessungen wird für die Berechnung des realisierten Antennengewinns RG die Eingangsanpassung S_{11} berücksichtigt, welche aufgrund der bewusst schlecht angepassten Rx1- und Rx2-Anschlüsse heraus zu rechnen ist. Mit den gemessenen Werten RG, S_{11} und (3.6) lässt sich der Antennengewinn G der gemessenen ILA bestimmen.

$$RG = \sqrt{\left|RG_{copol}\right|^2 + \left|RG_{xpol}\right|^2} \tag{4.1}$$

In Abbildung 4.14 zeigen die simulierten und gemessenen Richtcharakteristiken eine sehr gute Übereinstimmung. Wird der Anschluss des TxA Pfades kontaktiert, ergibt sich ein senkrecht zum IC gerichteter Hauptstrahl mit einem Antennengewinn von 14,2 dB und einer Halbwertsbreite von 14°, während bei Speisung von Anschluss Rx1 oder Rx2 ein Schielen von ±8° bei einer Halbwertsbreite von 10° zu beobachten ist. Anhand der Halbwertsbreiten ist zu erkennen, dass durch die Superposition der beiden Primärstrahler und die daraus einhergehende größere Apertur des kombinierten Primärstrahlers im Sendefall TxA, eine Verbreiterung des Hauptstrahls um 4° resultiert. Durch Verwendung einer anderen Linsengröße kann der Schielwinkel variiert werden, wobei durch diese Aperturgrößenänderung auch eine Veränderung des Antennengewinns bzw. der Halbwertsbreite in Kauf genommen werden muss. Die DTs und die differentiellen 90° Richtkoppler sind nicht separat vermessen.

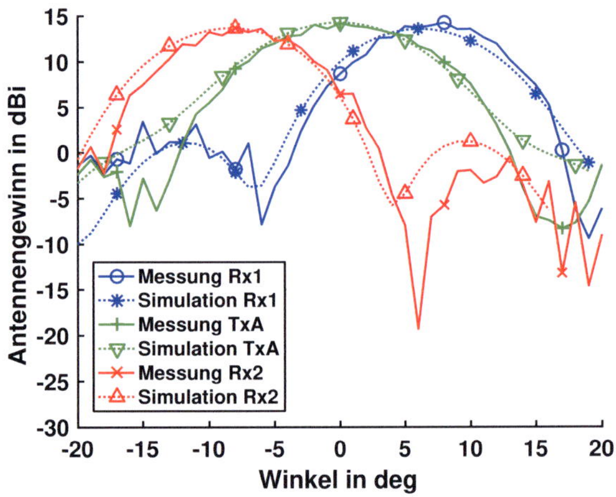

Abbildung 4.14: Gemessene und simulierte Antennengewinne bei der Kontaktierung des TxA, Rx1 oder Rx2 Anschlusses. Die Richtcharakteristiken sind für eine Frequenz von 122 GHz gezeigt. [22] © 2016 IEEE.

Die Funktionsweise dieser Bauteile ist anhand der in Abbildung 4.13 durchgeführten 2-Tor Messung bereits teilweise evaluiert, allerdings konnte dabei die Phasenbeziehung der einzelnen Signale nicht geprüft werden. Dies kann erreicht werden, indem die Exzentrizität der abgestrahlten elektromagnetischen Welle bestimmt wird. Die Verifikation der zirkularen Polarisation wird in einer separaten Messung unter Verwendung des Anschlusses TxA evaluiert, d. h. es wirken sich die Amplituden- und Phasenfehler beider Primärstrahler aus. Dazu wird die linear polarisierte Empfangsantenne des Messsystems in 22,5°-Schritten in einem Winkelbereich von 0 - 202,5° in der Hauptstrahlrichtung gedreht. Dies ermöglicht die Bestimmung der Exzentrizität wie in Abbildung 4.15a gezeigt. Mit Hilfe dieser Messdaten lässt sich durch das Verhältnis der Hauptachse zur Nebenachse zusätzlich das Achsenverhältnis des ILA-Systems bestimmen, dargestellt ist dies in Abbildung 4.15b. Im Zielfrequenzbereich des Radarsystems von 120 - 130 GHz konnte ein Achsenverhältnis besser als 3,3 dB erzielt werden. Durch die detaillierte messtechnische Charakterisierung und die exzellente Übereinstimmung zu Simulationen konnte die Tauglichkeit dieses ILA-Antennensystems für ein Amplitudenmonopuls-Radar demonstriert werden.

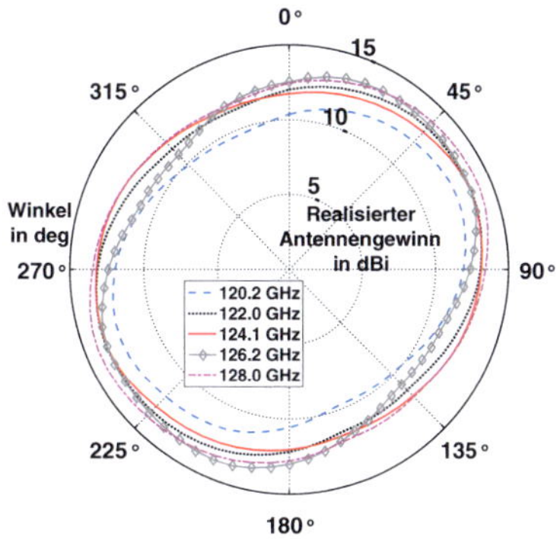

(a) Amplitudenwerte für verschiedene Winkel und Frequenzen

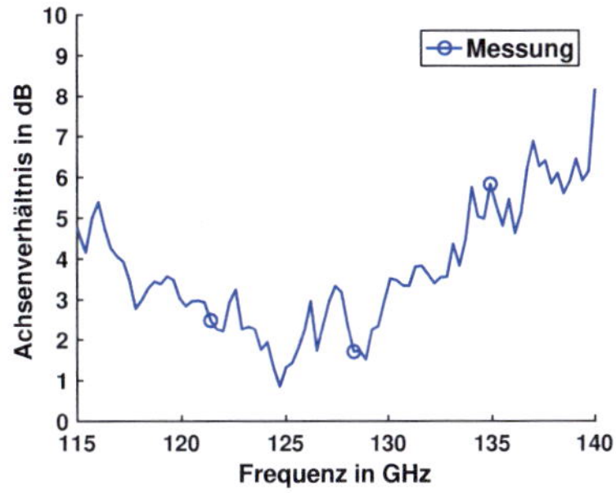

(b) Achsenverhältnis über der Frequenz

Abbildung 4.15: Gemessenes und simuliertes Achsenverhältnis der zirkular polarisierten Antenne bei Kontaktierung des Anschluss TxA. [22] © 2016 IEEE.

4.4 Realisierung eines Zweikanal-Radarsensors

Nachdem das ILA-System anhand des Konzeptes eines Amplitudenmonopuls-Radars aus Abbildung 4.3a evaluiert wurde, wird im Folgenden ein Zweikanal-Radar-SoC auf Basis des in Abbildung 4.4b gezeigten ILA-Systems (TxB) untersucht. Anschließend wird mit Hilfe der in Kapitel 3 präsentierten Aufbautechnik das Radar-Frontend hergestellt, welches abschließend mit einer geeigneten Basisbandelektronik und Radarsignalverarbeitung einen Zweikanal-Radarsensor darstellt. Mit diesem Sensor lässt sich die komplette Aufbautechnik anhand eines mechanischen Aufbaus, sowie thermischer und elektrischer Messungen evaluieren.

4.4.1 Zweikanal-Radar-Frontend

Das Radar-SoC beinhaltet einen VCO, einen Frequenzverdoppler, einen Teilerausgang (Divisor 32) am VCO als Referenz für eine PLL, einen 2-Kanal Mischer, PAs im parallelisierten Sendepfad (TxB), LNAs in den Empfangskanälen Rx1 und Rx2, zwei differentielle 90° Richtkoppler und zwei zirkular polarisierte Primärstrahler. Das Blockschaltbild ist in Abbildung 4.16a gezeigt, wobei alle Signalpfade in differentieller Topologie gefertigt sind.

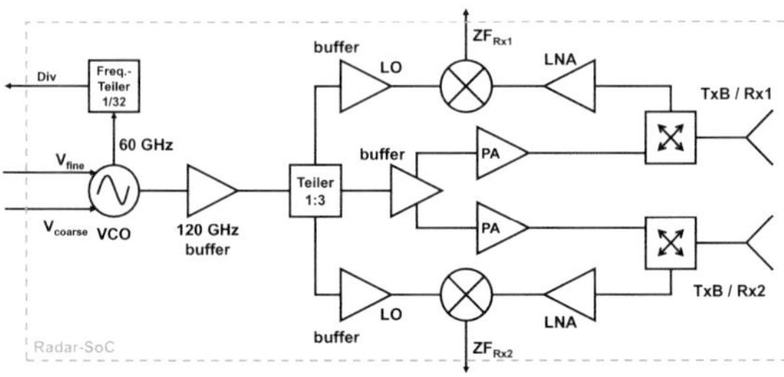

(a) Blockschaltbild

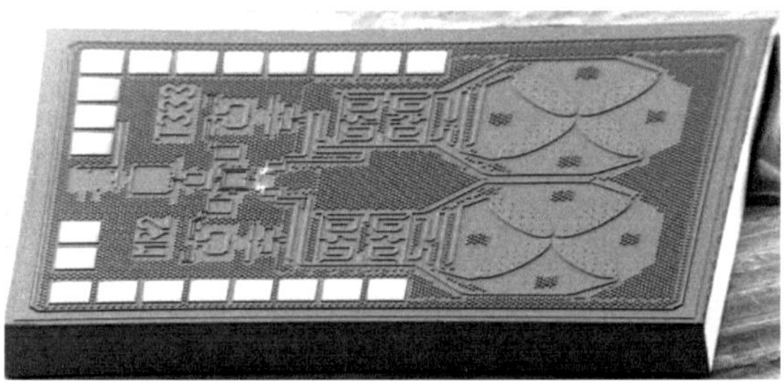

(b) REM-Aufnahme

Abbildung 4.16: Zweikanal-Radar-SoC. [5]

Das ILA-System, bestehend aus den differentiellen 90° Richtkopplern und den Schlitzantennen, ist identisch mit dem aus Kapitel 4.2, allerdings werden die differentiellen 90° Richtkoppler nach dem aus Abbildung 4.3b bekannten Zweikanal-Radar-Konzept angeregt. Hierbei wird das ILA-System mit TxB-Speiseprinzip nicht mehr separat hergestellt und messtechnisch charakterisiert, da die Simulationen und Messungen des ILA-Systems mit dem Speisekonzept TxA aus dem vorherigen Abschnitt 4.3 eine sehr gute Übereinstimmung aufweisen. Das komplette Radar-SoC ist auf einer Halbleiter-Fläche von 1,5 x 1 x 0,2 mm^3 realisiert und in Abbildung 4.16b anhand einer Aufnahme von einem Rasterlektronenmikroskop gezeigt. Der mechanische Aufbau des Radar-Frontends entspricht dem in Abbildung 3.3a gezeigten Konzept, wobei der Aufbau wie in den Arbeitsschritten aus Abbildung 3.14

gefertigt wurde. Die Platzierung des Radar-SoC auf der Linse sollte zu Beginn durchgeführt werden. Somit kann am zuverlässigsten sicher gestellt werden, dass der Mittelpunkt beider Primärstrahler P_{Ph1} und P_{Ph2} auf den Fokuspunkt F der Linse ausgerichtet ist. Als Umverdrahtungssubstrat wurde das in Abbildung 4.17 gezeigte kommerziell erhältliche LCP Substrat (Rogers Ultralam 3908 [KMUP14]) verwendet.

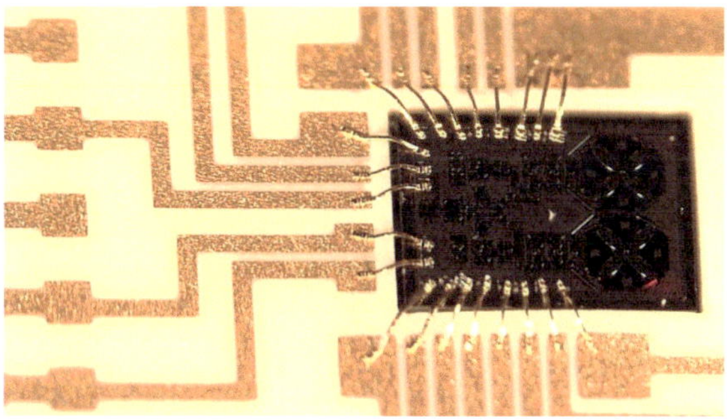

Abbildung 4.17: Das Radar-SoC und die LCP Umverdrahtungslage sind auf eine Silizium Linse mit 12 mm Durchmesser geklebt. Die IC-zu-Umverdrahtungslage Verbindungen sind mit einem Wedge-Wedge Goldbonddrahtverfahren realisiert. [5]

Die Dicke des LCP Substrates beträgt mit der rückseitigen Metallisierung 105 µm, somit kann sichergestellt werden, dass die Bondhöhe vom LCP zum Radar-SoC einen akzeptablen Sprung von ca. 100 µm aufweist. Allerdings hat das LCP Substrat in dieser Dicke sehr flexible Eigenschaften, weshalb beim Klebeprozess darauf zu achten ist, dass das LCP planar auf der Linsenoberfläche aufliegt. Ansonsten könnten die nachfolgenden Bonddraht- und Flip-Chipverbindungen aufgrund einer nicht-planaren Arbeitsumgebung u. U. nicht zuverlässig realisiert werden. Die Planarisierung kann mit Hilfe einer starren Leiterplatte (bspw. Al_2O_3) mit einer Aussparung für den IC verbessert werden. Diese wird während des Klebeprozesses auf die LCP-Lage gelegt, wobei die starre Leiterplatte mit einem definierten Druck des Die-Pickup-Moduls des Flip-Chip-Bonders für eine gleichmäßigere Druckverteilung auf der LCP-Lage führt und damit die Planarisierung begünstigt.

Um Bonddrähte mit einer flachen Loophöhe zu realisieren, werden für die Kontaktierungen der Radar-SoC Anschlüsse mit dem LCP Umverdrahtungssubstrat Wedge-Wedge Bonddrahtverbindungen mit einem Golddrahtdurchmesser von 25 µm eingesetzt. Das Ergebnis des Bonddrahtprozesses ist in Abbildung 4.17 gezeigt. Anschließend muss noch der QFN-Deckel auf den äußeren Anschlussflächen des Umverdrahtungssubstrats platziert werden. Dazu werden je zwei Goldkugeln (Gold-Stud-Bump Prozess) auf den 50 QFN-Anschlussflächen platziert. Anschließend wird das QFN-Gehäuse mit dem Ultraschallmodul des Flip-Chip-Tools aufgenommen, wobei am Hebelarm eine Kraft von 22 N eingestellt wird. Die Kontaktierung des QFN-Deckels wird mit einem Ultraschallprozess bei einer Leistung von 6800 mW durchgeführt. Es bietet sich hierbei für einen Prototypen an, die Anschlussleitungen des Umverdrahtungssubstrats, wie in Abbildung 4.18 zu sehen, über den Rand des QFN-Gehäuses hinaus anzuordnen.

Abbildung 4.18: Standard QFN-lötbares Zweikanal-Radar-Frontend.

Somit kann jede einzelne Flip-Chip Verbindung geprüft werden. Bei einer etwaigen auftretenden Fehlverbindung ist es somit möglich, diesen Prozessschritt ohne Beschädigung der bisherigen Arbeitsschritte zu wiederholen, indem das QFN-Gehäuse noch einmal abgenommen wird. Erst bei erfolgreicher Kontaktierung aller QFN-Anschlüsse wird das Underfill, bestehend aus dem bereits bekannten Polytec TC 430-T , zwischen QFN-Gehäuse und

LCP-Umverdrahtungssubstrat aufgebracht und somit eine langlebige Flip-Chip Verbindung sichergestellt. Aufgrund der hohen Zersetzungstemperatur des verwendeten Klebers von über 400°C ist der gesamte Aufbau unempfindlich gegenüber Lötofenprozessen mit bleifreien Loten. Das mit Hilfe der Aufbautechnik aus Kapitel 3 gefertigte Zweikanal-Radar-Frontend ist in Abbildung 4.18 gezeigt.

4.4.2 Basisbandelektronik

Für die Verifikation des standardlötbaren QFN-basierten 120 - 130 GHz Zweikanal-Radar-Frontends wird eine Basisbandelektronik, basierend auf einem Standard-FR-4 PCB (© PKTEC[1] 2016), entworfen. Die Elektronik erlaubt den Betrieb des Radar-Frontends im FMCW- oder CW-Modus und ermöglicht dementsprechend absolute Abstands- und Geschwindigkeitsmessungen. Ein Schaltplan der Basisbandelektronik ist in Abbildung 4.19 gezeigt.

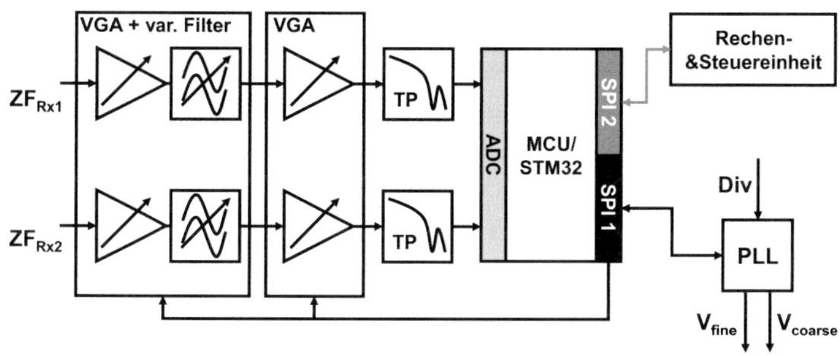

Abbildung 4.19: Blockschaltbild der Basisbandelektronik. [5]

Der VCO des Radar-SoC wird dabei von einer PLL geregelt und ermöglicht im FMCW-Betrieb Frequenzrampen zwischen 121 - 128 GHz. Dabei können sowohl Sägezahn- und Dreiecksrampen programmiert werden. Die beiden differentiellen Basisbandanschlüsse Rx1 und Rx2 werden an einen kommerziell erhältlichen digital variablen Filter und Verstärker angeschlossen und anschließend mit Hilfe eines differentiellen VGAs verstärkt, um den nachfolgenden differentiellen AD-Wandler nach Möglichkeit maximal auszusteuern.

[1] PKTEC Pauli & Kayser Ingenieurgesellschaft mbH, Bahnhofstraße 30, 77746 Schutterwald

Zur AD-Wandlung wird der integrierte AD-Wandler des ebenfalls auf der FR-4 Platine verbauten STM32 Mikrocontroller verwendet, welcher gleichzeitig die Steuerung der SPI-basierten Peripherie des gesamten Radarsensors übernimmt und die digitalisierten Basisbandsignale zur weiteren Signalprozessierung mittels eines SPI-Protokolls an eine Recheneinheit weiterleitet. Der entwickelte Radarsensor ist in Abbildung 4.20 dargestellt und wurde auf einer 6-lagigen FR-4-Platine mit den Abmessungen von 35 x 35 mm^2 realisiert (© PKTEC 2016).

Abbildung 4.20: Radarsensor auf einer Standard-FR-4 Platine (© PKTEC 2016). Die Basisbandelektronik und das hergestellte Radar-Frontend sind mit einem bleifreien Lötofenprozess auf die Platine gelötet. [5]

Sämtliche Bauteile und das Radar-SoC werden nach einem Schablonendruck mit bleifreier Lotpaste auf dem PCB platziert. Ein anschließender Lötofenprozess mit einer Maximaltemperatur von 320° für 40 s sorgt für die Aufschmelzung des Lotes und damit zur Kontaktierung aller Lötanschlüsse. Abschließend kann festgestellt werden, dass die Tauglichkeit des mechanischen Aufbaus des Radar-Frontends geprüft und die Robustheit gegenüber bleifreien Lötofenprozessen demonstriert wurde.

4.4.3 Messergebnisse des Zweikanal-Radarsensors

Dieser Radarsensor bietet nicht nur die Möglichkeit der Verifikation, ob das Radar-SoC selbst funktionsfähig ist, vielmehr kann damit die gesamte thermische und elektrische Betrachtung der in Kapitel 3 vorgestellten Aufbautechnik messtechnisch verifiziert werden. Für die thermische Betrachtung wurde mit einer FLIR Thermokamera die maximale Linsentemperatur bestimmt, während der Radarsensor im FMCW-Betrieb arbeitet. In Abbildung 4.21 ist zu erkennen, dass mit 55,3°C eine sehr gute Übereinstimmung zur in Abbildung 3.5 simulierten Temperatur von 53,2°C erreicht wird. Es kann somit evaluiert werden, dass das Gehäusekonzept (a) aus Abbildung 3.3a für ein Radar-SoC mit 300 mW Verlustleistung ausreicht, um den IC bei einer Umgebungstemperatur von 21°C ausreichend zu kühlen.

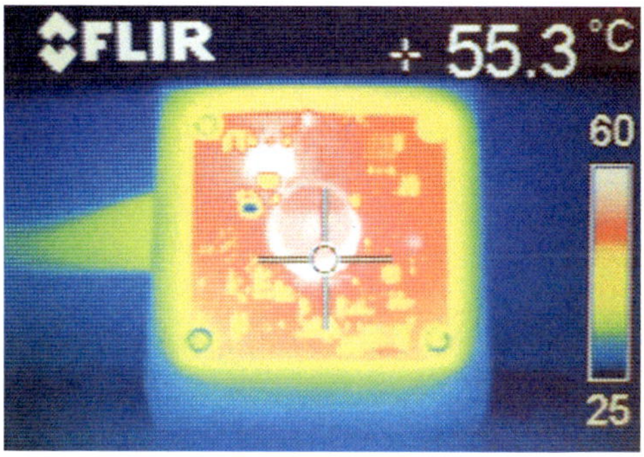

Abbildung 4.21: FMCW-Betrieb des Radarsensors: Zur Messung der Temperatur der Silizium-Linse wurde eine Thermokamera (FLIR) verwendet. [5]

Für die Verifikation der elektrischen Performanz des Aufbaukonzeptes ist sicherzustellen, dass die Gehäusekomponenten keinen Einfluss auf das Radar-SoC und die Richtcharakteristiken des ILA-Systems haben. Dementsprechend beinhaltet das 3D-Simulationsmodell nach Abbildung 4.22 lediglich den IC mit den für das Antennensystem benötigten passiven Komponenten und die hemisphärische Silizium-Linse mit 12 mm Durchmesser und einer Höhe von 8 mm. Auf dem IC sind für diese Simulation im Vergleich zum kompletten Radar-SoC aus Abbildung 4.16b lediglich die Transformatoren zur Ausgangsanpassung der vorgeschalteten PAs, die differentiellen 90° Richtkoppler und die Schlitzantennen integriert. Ein weiterer Vorteil ist, dass der SoC- bzw. Antennendesigner keine Informationen und Kenntnisse über die Aufbautechnik benötigt und zusätzlich die Simulationszeit der 3D-Feldsimulation gegenüber einer Komplettsimulation mit Gehäuse deutlich verkürzt werden kann. Mit Hilfe dieser 3D-Feldsimulation werden die Richtcharakteristiken des ILA-Systems berechnet. Für einen messtechnischen Nachweis werden die superponierten Richtcharakteristiken mit Hilfe des Messaufbaus aus Abbildung 4.23 bestimmt.

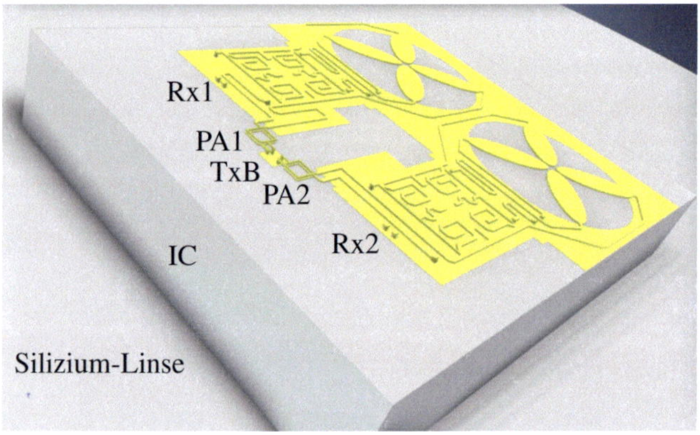

Abbildung 4.22: Simulationsmodell des IC mit den passiven Komponenten des Antennensystems und einer hemisphärische Silizium-Linse mit einem Durchmesser von 12 mm. [5]

Dabei befindet sich der Zweikanal-Radarsensor auf einem Drehmotor und das Radar-Ziel (15 x 15 cm^2 Metallplatte) in einem festen Abstand von 1,5 m. Die verwendeten Radar- und Signalprozessierungsparameter sind in Tabelle 4.1 angegeben.

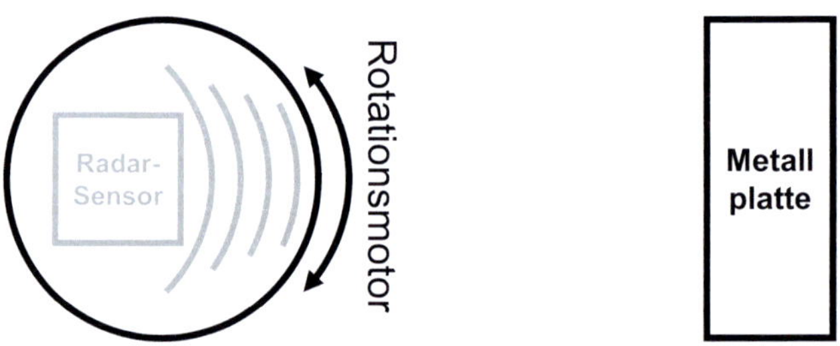

Abbildung 4.23: Messaufbau zur Verifizierung der superponierten Richtcharakteristiken von TxB + Rx1 und TxB + Rx2.

Der Radarsensor wird in Winkelschritten von 0,25° gedreht und berechnet aus den jeweiligen digitalisierten FMCW-Zwischenfrequenzsignalen ZF_{Rx1} und ZF_{Rx2} nach einer Blackman-Fensterung mit anschließender FFT mit Zero-Padding das Spektrum der beiden Empfangskanäle.

FMCW Start Frequenz	120 GHz
FMCW Bandbreite	2 GHz
FMCW Rampendauer	6,37 ms
ADC Werte	2048 (je Kanal)
ADC Abstastfrequenz	321,5 kHz
Fensterung	Blackman
Zeropadding	2^{12}
Mittelung	2 Messungen pro Motorposition
Entfernung des Radar-Ziels	1,5 m (Metallplatte 15 x 15 cm^2)
Winkelbereich	±25°
Winkelschritte	0,25°

Tabelle 4.1: Radar- und Signalprozessierungsparameter. [5]

Für die Winkelpositionen ±9° sind jeweils die Spektren beider Kanäle ZF_{Rx1} und ZF_{Rx2} in Abbildung 4.24a dargestellt. Nach diesem Vorgehen werden die maximalen Signalamplituden beider Empfangskanäle über der Entfernung für jeden Winkelschritt berechnet und man erhält normierte Richtcharakteristiken für die Superpositionen von TxB + Rx1 und TxB + Rx2. Die Messergebnisse der superponierten Richtcharakteristiken des Radarsensors werden in Abbildung 4.24b normiert dargestellt und zeigen eine sehr gute Übereinstimmung zu den simulierten superponierten ILA-Richtcharakteristiken (TxB + Rx1 und TxB + Rx2), basierend auf der 3D-Feldsimulation des ILA-Systems aus Abbildung 4.22.

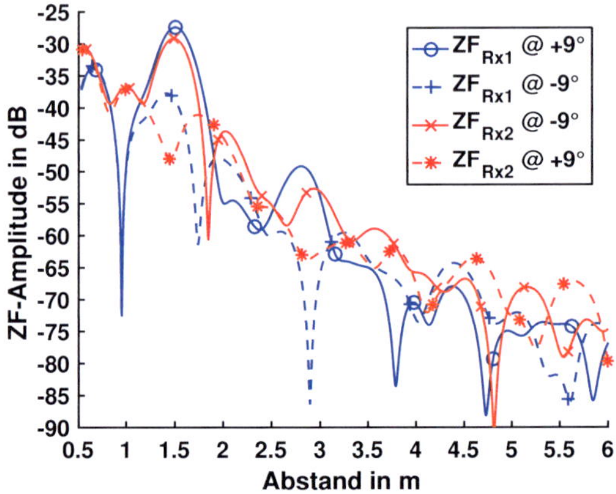

(a) Spektrum der beiden digitalisierten FMCW-Zwischenfrequenzsignale ZF_{Rx1} und ZF_{Rx2} für die Winkelpositionen $\pm 9^{\circ}$.

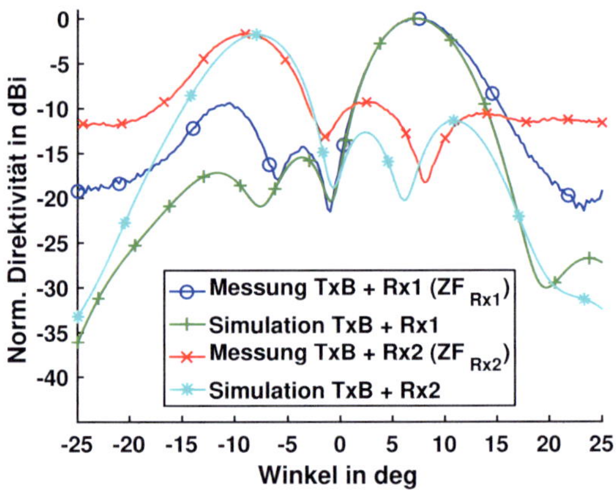

(b) Vergleich der Richtcharakteristiken von der Simulation aus Abbildung 4.22 und den mit Hilfe des Versuchsaufbau aus Abbildung 4.23 gemessenen Richtcharakteristiken.

Abbildung 4.24: Messtechnische Bestimmung der superponierten Richtcharakteristiken von TxB + Rx1 und TxB + Rx2. [5]

4.5 Fazit

Mit Hilfe des mechanischen Aufbaus des QFN-Gehäusekonzeptes und eines Standard-Lötofen Prozesses konnte der prinzipielle Nachweis für eine Bestückung nach IPC-Richtlinien der Baugruppenfertigung [IR] erbracht werden. Durch die thermischen und elektrischen Verifikationen anhand des vorgestellten Zweikanal-Radarsensors ist es gelungen, die theoretische Betrachtungsweise der in Kapitel 3 eingeführten Aufbautechnik für SoC Applikationen mit ILAs zu evaluieren.

5 Methoden zur Erhöhung der Sendeleistung im Millimeterwellenbereich

Die maximale Ausgangsleistung von Transistoren im Millimeterwellenbereich ist begrenzt und limitiert die Sendeleistung und damit die maximale Reichweite von Radar- und Kommunikationssystemen. In diesem Kapitel wird zunächst die grundlegende Leistungsübertragungsbilanz für Radar- und Kommunikationssysteme vorgestellt. Anschließend werden die wichtigsten Parameter aufgezeigt, um die maximale Reichweite solcher Systeme zu erhöhen.

5.1 Leistungsübertragungsbilanz

Die in dieser Arbeit beschriebenen Antennensysteme werden für Anwendungen in Radar- oder Kommunikationssystemen im Millimeterwellenbereich untersucht. Die Leistungsübertragungsbilanz ergibt sich in ihrer einfachsten Form aus der Radar-Gleichung (5.1) eines monostatischen Radarsystems. Die mit steigender Frequenz zunehmende Freiraumdämpfung ist eine rein physikalische Größe und lediglich von der Betriebsfrequenz des Systems abhängig. Die minimale benötigte bzw. detektierbare Empfangsleistung $P_{r,min}$ ergibt sich aufgrund der Empfängereigenschaften (bspw. Empfängerrauschzahl und Sensitivität) des verwendeten Systems und wird, wie auch der Rückstreuquerschnitt σ_r und alle sonstigen Verluste L_{ges}, im Rahmen dieser Arbeit nicht gesondert betrachtet, da sie i. d. R. nicht beeinflussbar sind. Das größte Potential zur Verbesserung der Leistungsübertragungsbilanz liegt in der Erhöhung der Sendeleistung P_{TX} und der Gewinn- und Effizienzmaximierung der Sende- und Empfangsantennen G_{TX} und G_{RX}.

$$R_{\mathrm{max}} = \sqrt[4]{\frac{P_{\mathrm{TX}} \cdot G_{\mathrm{TX}} \cdot G_{\mathrm{RX}} \cdot \lambda^2 \cdot \sigma_{\mathrm{r}}}{P_{\mathrm{r,min}} \cdot (4\pi)^3 \cdot L_{\mathrm{ges}}}} \tag{5.1}$$

Im vorherigen Kapitel 4 und in [GSSP15a] wurden monostatische Radarsysteme auf Basis von ILAs vorgestellt. Damit lassen sich die Parameter G_{TX} und G_{RX} durch die Apertur der verwendeten Linse nahezu beliebig erhöhen und die hohe Effizienz der verwendeten ILAs tragen zusätzlich zu einer Verringerung des Parameters L_{ges} bei.
Für Kommunikationssysteme werden zusätzlich zur Radargleichung weitere Faktoren berücksichtigt. Nach dem Shannon-Hartley-Gesetz [PS09] ergibt sich die maximale Kanalkapazität C eines AWGN-Kanals bei gegebener Bandbreite BW und einem Signal- zu Rauschverhältnis S/N nach (5.2).

$$C = BW \cdot \log_2 \left(1 + \frac{S}{N} \right) \tag{5.2}$$

Dementsprechend ist es für die Berechnung des Signal- zu Rauschverhältnisses S/N nötig, die Rauschzahl NF und die Bandbreite BW des Empfängers zu kennen. Es lässt sich mit der gegebenen Bandbreite BW nach (5.3) die Rauschleistung P_{rausch} bei einer Temperatur $T_{\mathrm{a}} = 300\,\mathrm{K}$ an der Empfangsantenne berechnen.

$$P_{\mathrm{rausch}} = k_{\mathrm{B}} \cdot BW \cdot T_{\mathrm{a}} \tag{5.3}$$

Ein $S/N > 9{,}06\,\mathrm{dB}$ ist notwendig, um für eine QPSK-Modulation eine Bitfehlerrate BER kleiner als 10^{-3} zu erreichen [PS09]. In Tabelle 5.1 wird mit diesen Angaben die maximal zu erwartende Reichweite für verschiedene Parameter gelistet. Das Ziel ist dabei die Übertragung von 100 Gbit/s innerhalb des DFG-Projektes *Real100G.RF*, wie bereits in Kapitel 1 beschrieben. Die erste Zeile beinhaltet dabei die extrahierten Parameter aus den Arbeiten [SGS+16] (Sendeleistung $P_{\mathrm{TX}} \approx$ -4 dBm) und die Verwendung einer nach oben abstrahlenden on-chip Antenne [BPJ+13] ($G_{\mathrm{TX}} = G_{\mathrm{RX}} = 2\,\mathrm{dBi}$). Diese Werte sind im Frequenzbereich um 240 GHz angegeben und auf gleichen oder vergleichbaren SiGe-Prozessen, wie in dem in dieser Arbeit verwendeten Halbleiterprozess, realisiert.

Sendeleistung P_{TX}	Rauschzahl NF	Anzahl Kanäle U	Bandbreite BW	Minimale Empfangsleistung $P_{r,min}$	Gewinn Sendeantenne G_{TX}	Gewinn Empfangsantenne G_{RX}	Maximale Freiraumdämpfung FD	Maximale Reichweite $R_{max,K}$
-4 dBm	20 dB	1	50 GHz	-37,78 dBm	2 dBi	2 dBi	27,78 dB	0,002 m
3 dBm	10 dB	1	50 GHz	-47,78 dBm	25 dBi	5 dBi	70,78 dB	0,34 m
6 dBm	10 dB	2	25 GHz	-50,79 dBm	25 dBi	5 dBi	76,79 dB	0,69 m
6 dBm	10 dB	2	25 GHz	-50,79 dBm	25 dBi	25 dBi	96,79 dB	6,87 m

Tabelle 5.1: Maximale Reichweite eines 240 GHz Kommunikationssystems mit einer Datenrate von 100 Gbit/s, einer QPSK Modulation mit $BER < 10^{-3}$ und einer weiteren Annahme von 10 dB Verlusten durch Verbindungen, Antenneneffizienz, Gehäuseeinflüsse, etc.

Auch in diesen vorgestellten Szenarien hat die Maximierung der abgestrahlten Leistung, sowie die Maximierung der Antenneneffizienz und des Antennengewinns das größte Potential zur Erhöhung der maximal erreichbaren Reichweite.
Bei der Realisierung eines Kommunikationssystems im Millimeterwellenbereich müssen allerdings noch weitere Aspekte berücksichtigt werden. Betrachtet man ein duplex-fähiges Kommunikationssystem, sollte die Entkopplung des Sende- und Empfangspfades bei einer geringen Reichweite von 0,5 m einen größeren Wert als die in Tabelle 5.1 berechnete Freiraumdämpfung von $\geq$70 dB aufweisen. Dies ist für SoC Applikationen praktisch nicht zu bewerkstelligen, da die Sende- und Empfangsantenne auf dem IC nicht hinreichend weit räumlich getrennt werden kann und damit die Kopplungen innerhalb des Halbleitersubstrats zu hoch sind. In der Nachrichtentechnik werden u. a. aus diesem Grund spezielle Methoden bei duplex-Systemen angewendet. Dabei können Zeitduplex-, Frequenzduplex- oder Codeduplexverfahren implementiert werden, mit denen auch die Entkopplung des Sende- und Empfangspfades auf einem IC gewährleistet werden könnte. Aufgrund der geringen Baugröße der ICs im Millimeterwellenbereich ist die Verwendung von getrennten Sender- und Empfänger-SoCs jedoch generell eine praktikable Lösung. Somit können duplex-fähige Kommunikationsmodule auf PCB-Ebene realisiert werden. Mit Hilfe der Aufbautechnik aus Kapitel 3 können bspw. Sender- und Empfänger-Frontends realisiert werden, welche auf einer PCB-Platine zu einem duplex-fähigen Kommunikationsmodul zusammengeschaltet werden. In diesem Fall kann durch die getrennte Betrachtung von Sende- und Empfangs-SoCs die Besonderheit aus-

genutzt werden, dass im Sender-SoC keine Empfangsantenne benötigt wird. Dadurch kann der Leistungsverstärker so nah wie möglich an der Sendeantenne angebracht werden, um die Verluste der Verstärker-Antenne Schnittstelle möglichst gering zu halten und damit den Parameter P_{TX} der Leitungsübertragungsbilanz zu maximieren. Für eine Erhöhung der Ausgangsleistung auf einem IC müssen in Sättigung arbeitende Verstärker parallelisiert betrieben werden. Zunächst werden im folgenden Abschnitt die innerhalb dieser Arbeit verwendeten Streifenleitungsnetzwerke zur Leistungsteilung vorgestellt. Anschließend wird in diesem Kapitel auf verschiedene Konzepte zur Leistungskombination eingegangen, die Kombinationseffizienz bestehender Konzepte analysiert und gezeigt, wie sich solche Konzepte mit Hilfe von mehrfach gespeisten Primärstrahlern ersetzen lassen.

5.2 Passive verteilte Transformatoren zur Leistungsaufteilung

Jede Parallelisierung von Verstärkerstufen benötigt ein Netzwerk zur Leistungsaufteilung. Um die benötigte Halbleiterfläche möglichst gering zu halten, werden in dieser Arbeit kompakte DTs basierend auf dem Konzept aus [PWM$^+$15] eingesetzt. Sie dienen innerhalb dieser Arbeit zur Leistungsaufteilung und besitzen neben einem single-ended Eingang je zwei quasidifferentielle Ausgänge. Damit sind sie zusätzlich für die Signalerzeugung der differentiell gespeisten Schlitzantennen geeignet. Aufgrund ihrer kompakten Baugröße weisen die DTs geringe Verluste und eine relative Bandbreite von über 80 % auf. Das Konzept basiert auf zwei übereinander gekoppelten Streifenleitungen oberhalb einer Aussparung der Massefläche im BEOL. Diese gekoppelten Leitungen beschreiben eine Induktivität, die MIM-Kapazitäten an den Eingangs- und Ausgangsleitungen dienen zur Abstimmung dieser resonanten Filterstruktur. Die Impedanztransformation vom Eingang zum Ausgang erfolgt nach (5.4) und ist lediglich abhängig von der Anzahl N_{DT} der Ausgänge.

$$Z_{\mathrm{aus,DT}} = \frac{Z_{\mathrm{ein,DT}}}{N_{\mathrm{DT}}} \tag{5.4}$$

Prinzipiell können die DTs auch zur Leistungskombination genutzt werden. Allerdings ist das Ziel die Minimierung jeglicher zusätzlichen Verluste durch Kombinationsnetzwerke, weshalb die DTs innerhalb dieser Arbeit nur zur Leistungsaufteilung oder zum Vergleich mit anderen Kombinationsnetzwerken dienen.

Alle folgenden vorgestellten DTs besitzen die 50 Ω CPW-zu-Mikrostreifenleitung Anschlüsse aus Anhang A.2 für die messtechnische Verifikation. Der erste DT aus Abbildung 5.1 nutzt M 5 als Massefläche, wobei die 50 Ω Eingangsleitung auf TM 2 realisiert ist.

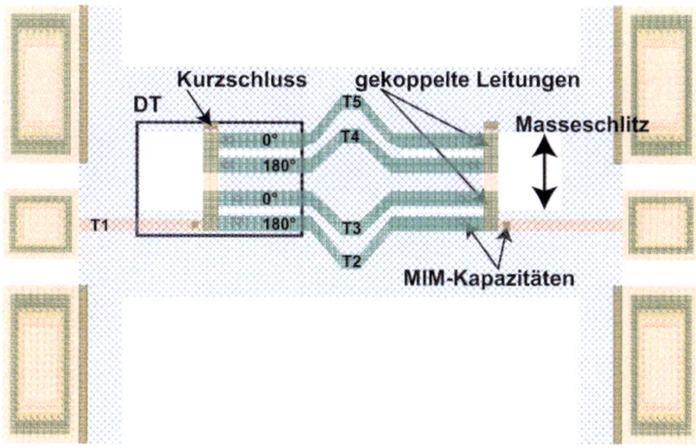

Abbildung 5.1: Layout des DT (einzeln: 90 x 60 μm^2) in einer back-to-back Konfiguration mit 2 quasi-differentiellen 12,5 Ω Ausgängen. Die Metalllagen sind entsprechend Abbildung A.1 gekennzeichnet. [4] © 2017 IEEE.

Die gekoppelten Leitungen sind aus der Streifenleitung in TM 2 und den beiden U-förmig angeordneten TM 1-Leitungen realisiert, dementsprechend befinden sich die quasi-differentiellen 12,5 Ω Ausgangsleitungen ebenfalls auf der Metalllage TM 1, wobei die U-förmigen Zweige je ein quasi-differentielles Paar darstellen. Der Abstand zur Massefläche jeder Streifenleitung ist dabei mindestens um einen Faktor 2 geringer als der minimale Abstand von zwei benachbarten Ausgangsleitungen. Mit Tools zur Berechnung der Streifenleitungsimpedanz (bspw. in ADS) kann dabei gezeigt werden, dass die Kopplung dieser Leitungen in guter Näherung vernachlässigt werden können und man erhält eine quasi-differentielle Topologie bestehend aus zwei separaten Streifenleitungen mit gleicher Massefläche und 180° Phasenversatz.

Zur Verifikation der Verluste wurde der DT in einer back-to-back Konfiguration auf einem IC platziert. Der Reflexionsfaktor in Abbildung 5.2a ist über dem gesamten Frequenzbereich von 200 - 320 GHz unter -10 dB, wobei die Transmission der back-to-back Messung in Abbildung 5.2b dargestellt ist.

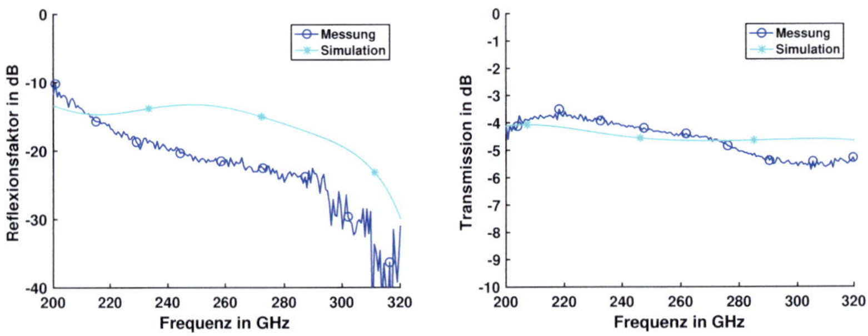

(a) Reflexion (b) Transmission

Abbildung 5.2: Simulierte und gemessene S-Parameter des back-to-back DT mit 12,5 Ω Ausgängen. [4] © 2017 IEEE.

Die Verluste für einen DT inklusive CPW-Anschluss variieren dabei über dem gesamten Frequenzbereich zwischen 1,85 - 2,75 dB. Die Amplituden- und Phasenaufteilungen der Ausgänge können nur simulativ untersucht werden und sind in Abbildung 5.3 dargestellt.

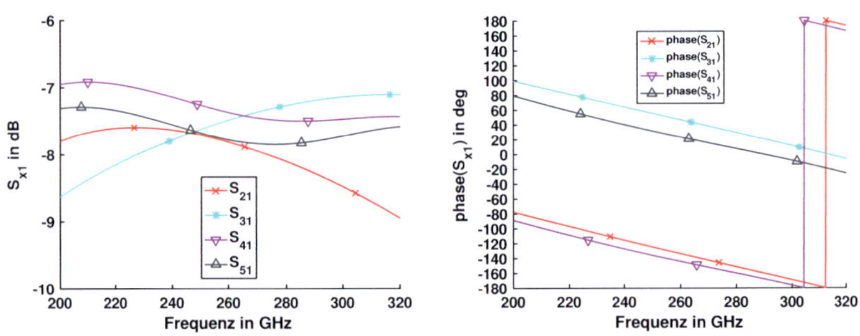

(a) Amplitude (b) Phase

Abbildung 5.3: Simulierte Aufteilungen der 12,5 Ω Ausgänge des DT.

Eine weitere DT-Variante ist in Abbildung 5.4 gezeigt. Dabei werden die beiden mittleren Ausgänge mit Hilfe einer Leitungsüberkreuzung getauscht, somit besitzen je die oberen und unteren zwei Streifenleitungen die gleiche Phasenlage.

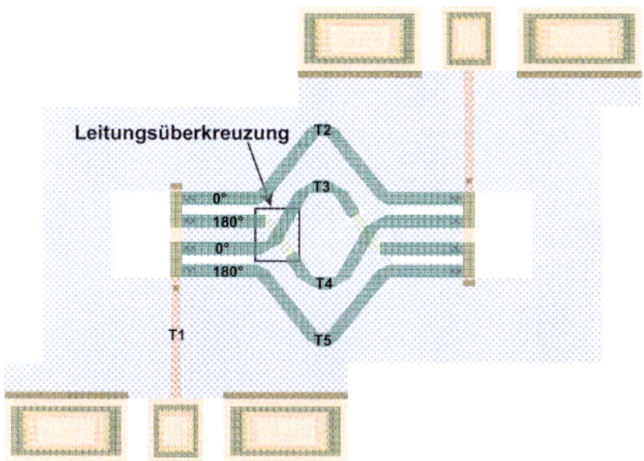

Abbildung 5.4: Layout des DT (einzeln: 90 x 60 µm^2) in einer back-to-back Konfiguration mit 12,5 Ω Ausgängen und Leitungskreuzung. Die Metalllagen sind entsprechend Abbildung A.1 gekennzeichnet.

Der Vorteil wird in Kapitel 6.3 anhand eines daran angeschlossenen Primärstrahlers näher erläutert. Eine der beiden zu tauschenden Streifenleitungen wird dabei in der Metalllage M 4 direkt unter der Massefläche M 5 weiter geführt, um die Höhe der Durchkontaktierungen möglichst gering zu halten, da diese induktiv wirken und damit die Phase des Signals stärker beeinflussen als eine Streifenleitung mit identischer physikalischer Länge. Die Trennung der beiden kreuzenden Streifenleitungen durch die Massefläche M 5 verbessert zusätzlich die Entkopplung der Leitungen. Die simulierten Amplituden- und Phasenabweichungen gegenüber den optimalen Werten werden durch die Leitungsüberkreuzung zum vorherigen DT aus Abbildung 5.1 degradiert und sind in Abbildung 5.5 gezeigt. Die Simulations- und Messergebnisse des back-to-back DT mit Leitungsüberkreuzung sind in Abbildung 5.6 gezeigt und weisen einen ähnlich breitbandigen Verlauf über dem kompletten Messbereich zwischen 200 - 320 GHz auf. Dabei wird über den gesamten

Messbereich ein Reflexionsfaktor besser -10 dB erreicht. Die Verluste für eine DT-Einzelstruktur betragen zwischen 1,9 - 2,8 dB.

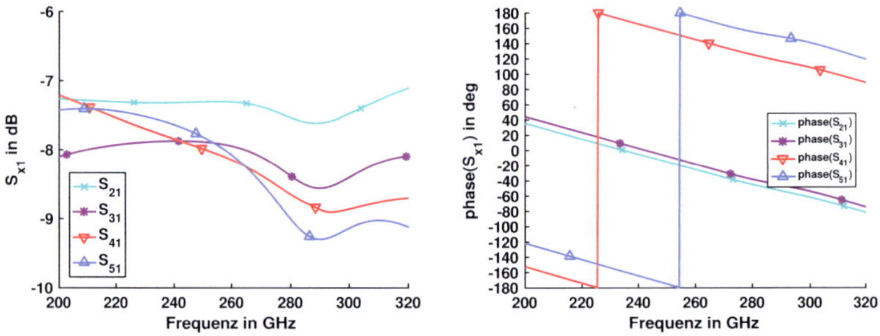

(a) Amplitude (b) Phase

Abbildung 5.5: Simulierte Aufteilungen der 12,5 Ω Ausgänge des DT mit Leitungsüberkreuzung.

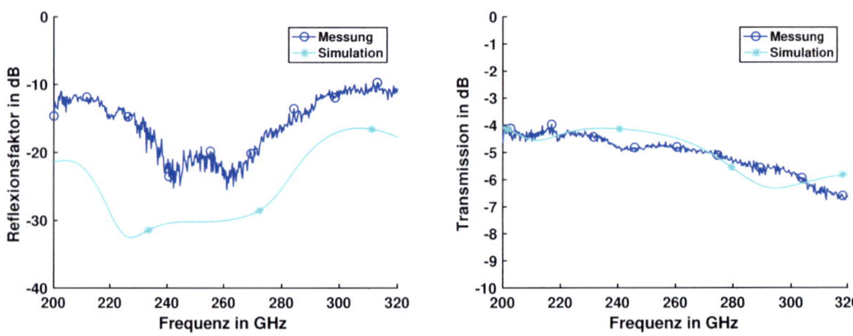

(a) Reflexion (b) Transmission

Abbildung 5.6: S-Parameter des back-to-back DT mit 12,5 Ω Ausgängen und Leitungsüberkreuzung. [23] © 2017 IEEE.

Eine Besonderheit hinsichtlich des Verhältnisses der Eingangs- und Ausgangsimpedanzen nach (5.4) stellt der DT aus Abbildung 5.7 dar. Hierbei weist jede Eingangs- und Ausgangsstreifenleitung die charakteristische Impedanz von 50 Ω auf. Dies kann erreicht werden, da der DT vom Prinzip her nur zwei Ausgänge besitzt, was an nur einer gekoppelten Leitung und nicht wie zuvor zwei gekoppelten Leitungen zu erkennen ist. Somit hätte eine Ausgangsleitung nach (5.4) eine charakteristische Impedanz von 25 Ω. Durch Spiegelung dieser beiden Ausgangsleitungen an der gekoppelten Leitung (TM 2-TM 1) erhält man eine Parallelschaltung von zwei zusätzlichen Streifenleitungen mit je 25 Ω und es ergeben sich die 4 x 50 Ω Ausgangsleitungen.

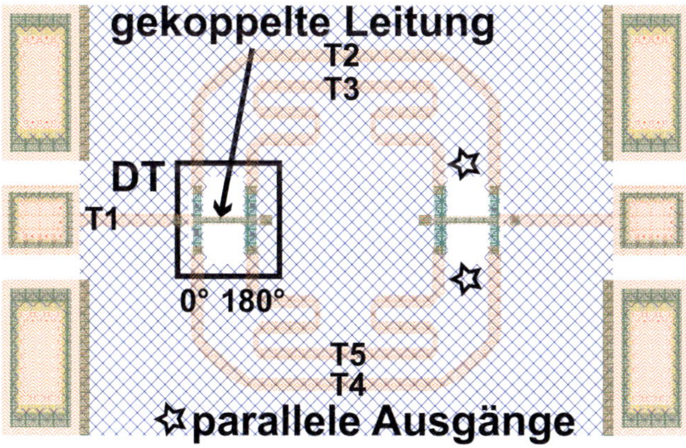

Abbildung 5.7: Layout des DT (einzeln: 80 x 80 μm^2) in einer back-to-back Konfiguration mit 2 quasi-differentiellen 50 Ω Ausgängen. Die Metalllagen sind entsprechend Abbildung A.1 gekennzeichnet. [4] © 2017 IEEE.

Die Simulations- und Messergebnisse der back-to-back Messung des DT mit 4 x 50 Ω Ausgängen sind in Abbildung 5.8 dargestellt. Im gemessenen Frequenzbereich von 200 - 320 GHz treten Verluste der DT-Einzelstruktur inkl. der für die back-to-back Struktur erforderlichen Mäanderleitung von 1,95 - 2,75 dB auf. Durch die horizontale Symmetrieebene dieser DT-Struktur ist eine gleichmäßige Amplituden- und Phasenaufteilung der parallel liegenden Zweige sichergestellt, weshalb in Abbildung 5.9 nur die Simulationsergebnisse eines quasi-differentiellen Zweigs abgebildet sind. Es ist zu erkennen, dass mit steigender Frequenz die Amplitudenaufteilung eines differentiellen Zweigs nicht ideal ist und bei 320 GHz eine Abweichung von 2,7 dB auftritt. Die Phasenabweichung zum Idealwert von 180° beträgt bei dieser Frequenz 6°.

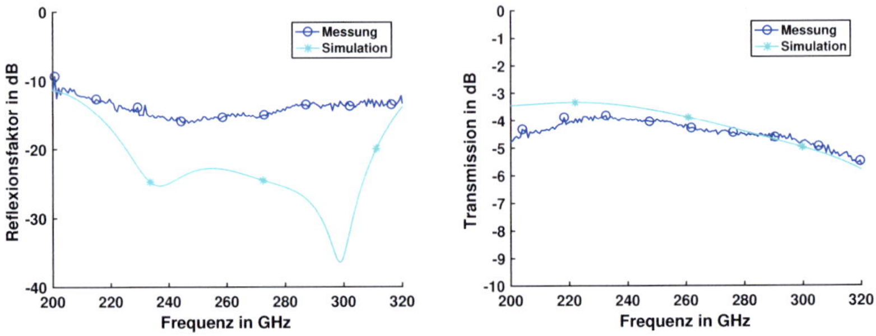

(a) Reflexion (b) Transmission

Abbildung 5.8: Simulierte und gemessene S-Parameter des back-to-back DT mit 50 Ω Ausgängen. [4] © 2017 IEEE.

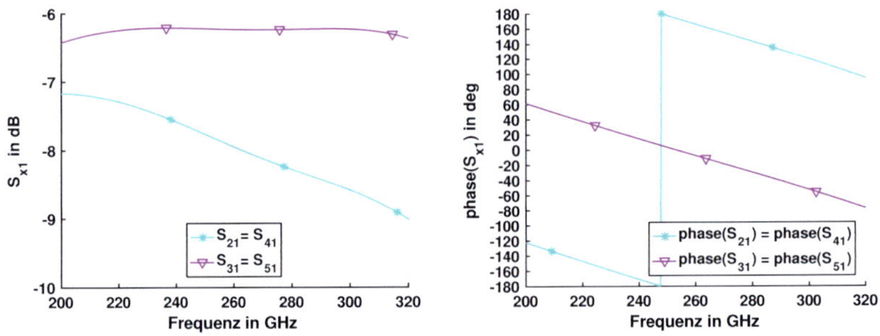

(a) Amplitude (b) Phase

Abbildung 5.9: Simulierte Aufteilungen der 50 Ω Ausgänge des DT.

Ein weiteres Element zur breitbandigen Leistungsaufteilung ist in Abbildung 5.10 gezeigt. Ein spiralförmig angeordneter $\lambda/2$ geglätteter Klopfenstein-Taper transformiert eine 50 Ω Streifenleitung zunächst auf eine charakteristische Impedanz von 25 Ω um letztendlich mit Hilfe einer T-Verzweigung wiederum zwei 50 Ω Streifenleitungen mit identischer Phasenlage und homogener Amplitudenaufteilung zu erhalten. Die spiralförmige Anordnung wurde gewählt, um die benötigte IC-Größe in den lateralen Abmessungen bestmöglich zu nutzen.

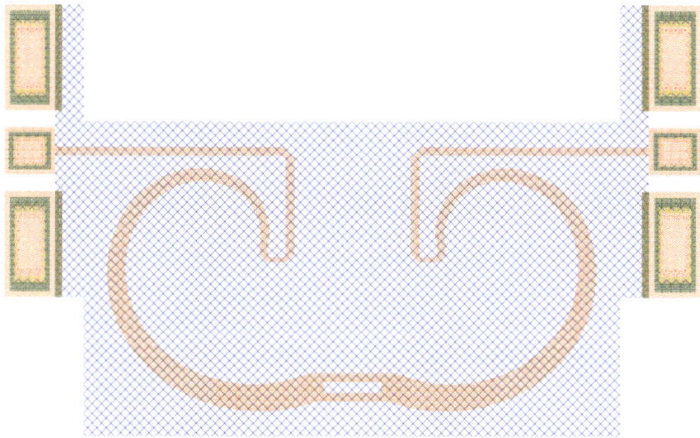

Abbildung 5.10: Layout des spiralförmig angeordneten $\lambda/2$ Klopfenstein-Taper (einzeln: 250 x 250 μm^2). Die Metalllagen sind entsprechend Abbildung A.1 gekennzeichnet. [4] © 2017 IEEE.

Die Simulations- und Messergebnisse des $\lambda/2$ Klopfenstein-Tapers sind in Abbildung 5.11 gezeigt und weisen einen exzellenten breitbandigen Reflexionsfaktor besser als -20 dB auf. Die gemessenen Verluste einer Einzelstruktur liegen im Frequenzbereich von 200 - 320 GHz zwischen 1,95 - 2,75 dB.

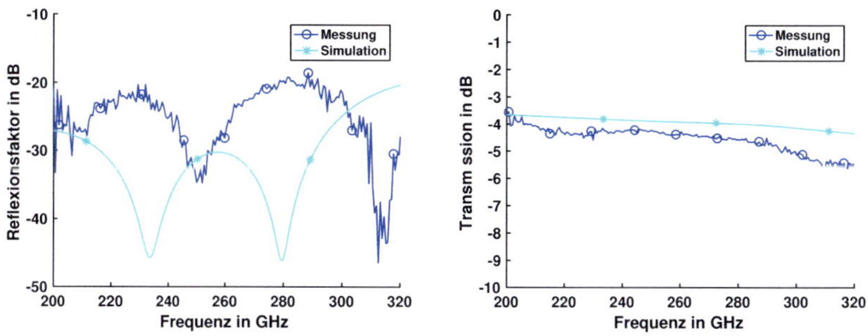

(a) Reflexion

(b) Transmission

Abbildung 5.11: Simulierte und gemessene S-Parameter des back-to-back spiralförmig angeordneten $\lambda_c/2$ Klopfenstein-Taper mit 50 Ω Ausgängen. [4] © 2017 IEEE.

Die in diesem Abschnitt präsentierten passiven Komponenten werden innerhalb dieser Arbeit zur Leistungsaufteilung verwendet. Im Folgenden wird nun anhand dem Stand der Technik geprüft, welche Möglichkeiten und Verfahren zur Leistungskombination verwendet werden und letztendlich ein Ansatz präsentiert, wie die Kombinationseffizienz von den bisherigen Netzwerken durch mehrfach gespeiste Antennen erhöht werden kann.

5.3 Methoden zur Leistungskombination

Die maximale Transitfrequenz f_t von Bipolar-Transistoren ist in erster Näherung maßgeblich durch die Steilheit g_m und die Emitter-Kapazität C_e nach (5.5) gegeben.

$$f_t \approx \frac{g_m}{2 \cdot \pi \cdot C_e} \tag{5.5}$$

Neben anderen technologischen und prozessbedingten Parametern der Halbleiter-Technologien wird eine Verringerung der Emitter-Kapazität C_e auch durch eine Verkleinerung der Halbleiter Grenzschichten (Emitter-Fläche) erreicht. Dies bedingt im Umkehrschluss, dass die Stromaufnahme und damit die maximale Ausgangsleistung von Transistoren im Millimeterwellenbereich limitiert ist bzw. immer weiter abnimmt [Sam11]. Um eine Abschätzung der maximalen Ausgangsleistung geben zu können, muss auch immer das Materialsystem des Halbleiterprozesses berücksichtigt werden. Unter Verwendung der Transistormodelle des in dieser Arbeit verwendeten Halbleiterprozesses SG13G2 liegt (siehe Anhang:A.1) im Millimeterwellenbereich um 240 GHz die maximale Ausgangsleistung eines Kaskoden-Verstärkers bei ungefähr -4 dBm [SGS+16]. Um dieser physikalischen Limitierung entgegen zu wirken und die maximale Ausgangsleistung zu erhöhen, bleibt lediglich der Schritt der Parallelisierung von Verstärkern, wobei jeder einzelne Verstärkerzweig in Sättigung betrieben werden muss. Damit kann man mit jeder Verdopplung an parallelen Verstärkerstufen theoretisch eine um 3 dB höhere Ausgangsleistung erzielt werden. Das wichtigste Kriterium, um dieses theoretische Ziel zu erreichen ist dabei die Effizienz des Kombinationsnetzwerks nach den parallelisierten Verstärkern. Prinzipiell kann zwischen drei verschiedenen Methoden zur Leistungskombination direkt auf dem IC unterschieden werden. Die erste Möglichkeit ist die Verwendung eines Kombinationsnetzwerkes in Streifenleitungstechnik nach Abbildung 5.12a, hierbei kann i. d. R. das selbe Netzwerk wie zur Leistungsaufteilung verwendet werden. Allerdings liegt der Fokus auf einem Kombinationsnetzwerk mit geringen Verlusten, wobei die Verluste des Netzwerkes zur Leistungsaufteilung eine untergeordnete Rolle spielen, da diese durch einen höheren Verstärkergewinn kompensiert werden können. Eine andere Möglichkeit besteht darin, ein Antennen-Array nach Abbildung 5.12b zu verwenden. Hierzu wird jedes Antennenelement mit einem separaten Verstärker betrieben und die Leistung im Freiraum kombiniert. Die dritte Möglichkeit aus Abbildung 5.12c vereint das Kombinationsnetzwerk und das abstrahlende Element, welches in der Größenordnung von $\lambda/2$ der Betriebsfrequenz liegt, in einem Bauteil. Im Folgenden wird anhand dem Stand der Technik, d. h. aus den gegebenen Verlusten der Kombinationsnetzwerke aus Tabelle 5.2 im Millimeterwellenbereich gezeigt, wie die Methoden zur Leistungskombination auf Halbleiterprozessen hinsichtlich der Kombinationseffizienz einzuordnen sind.

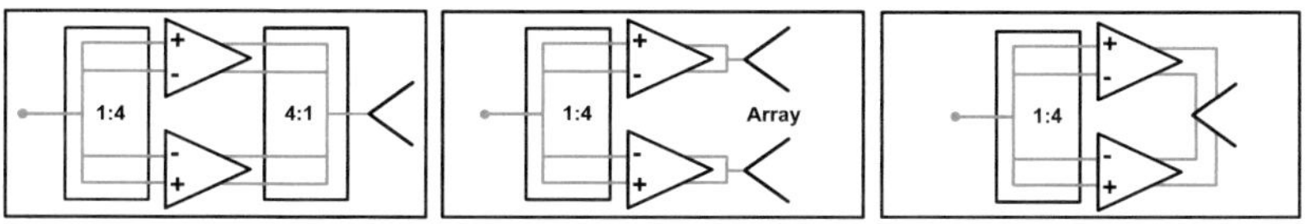

(a) Streifenleitung (b) Freiraum (c) Einzelantenne

Abbildung 5.12: Verfahren zur Leistungskombination parallelisierter Verstärker auf Halbleiterprozessen. [4] © 2017 IEEE.

5.3.1 Hohlleiter

Zur Vollständigkeit sind mit [RLS+12] und [BGK15] zwei auf Hohlleitern basierende Methoden zur Leistungskombination gezeigt. Der Vorteil liegt in den geringen Hohlleiterverlusten von 0,025 dB/mm bei 220 GHz und den geringen Verlusten von 0,3 - 0,5 dB einer Y-Verzweigung. An den Konzepten auf Basis von Streifenleitungen ist zu erkennen, dass in allen vorgestellten Leistungsverstärkern in Tabelle 5.2 maximal 16 parallele Zweige realisiert sind. Bei dem Bedarf an noch höheren Ausgangsleistungen können deshalb mehrere Leistungsverstärker-ICs mittels Hohlleitern parallelisiert werden. In dieser Arbeit steht jedoch der Aspekt der Miniaturisierung und die Realisierung von SoC Applikationen mit geeigneten Aufbautechniken im Vordergrund. Aus diesem Grund wird diese Methode nicht weiter verfolgt, da die Abmessungen der Hohlleitermodule die eigentlichen Abmessungen der ICs um ein Vielfaches übersteigen.

5.3.2 Mehrantennensysteme

Eine weitere Möglichkeit unter Verwendung eines Mehrantennensystems bietet eine mittels Streifenleitungsnetzwerken generierte Leistungsaufteilung mit nachfolgend geschalteten Verstärkern, die jeweils in Sättigung betrieben werden. Wird jeder Einzelstrahler mit einer möglichst kurzen Verbindung an je einen der parallelisierten Verstärker angeschlossen, ergibt sich eine Freiraum-Kombinationseffizienz der Einzelstrahler von nahezu 100 %. Dabei kann bei einer Verdopplung der Einzelstrahler eine um 3 dB gesteigerte abgestrahlte Leistung erzielt werden. Werden die n_x Einzelstrahler zusätzlich im Abstand von $\lambda_0/2$ bei der Betriebsfrequenz angeordnet, resultiert dies zusätzlich in einer Erhöhung der Direktivität des Einzelstrahler D durch den Gruppenfaktor zu $D_{ges} = 10 \cdot \log_{10}(n_x \cdot D)$ [Sti77]. Ein solches 3 x 3 teilintegriertes Mehrantennensystem wurde im Frequenzbereich von 90 - 98 GHz in [ACC$^+$11] auf einer Halbleiterfläche von 5,4 x 5,6 mm^2 entworfen. Die Effizienz eines Einzelstrahlers ist trotz der zusätzlichen Anbringung von Quarz-Resonatoren mit -3,5$\pm$0,5 dB relativ schlecht und beeinflusst dadurch die Kombinationseffizienz negativ. Der große Nachteil dieses Konzepts ist die enorme Halbleiterfläche die benötigt wird, um ein solches Mehrantennensystem vollintegriert zu fertigen. Des Weiteren werden bei Kommunikations- oder Radarsystemen häufig dielektrische Linsen zur Erhöhung der Direktivität und damit der Reichweite eingesetzt. Dies ist für Mehrantennensysteme nicht praktikabel, da die Antennengruppe kein gemeinsames Phasenzentrum über dem Fokuspunkt der Linse besitzt. Dadurch kommt es zur Ausformung von mehreren separierten Hauptkeulen.

Technologie	f_t / f_{max} in GHz	Backend	Frequenz-bereich in GHz	Typ	Verluste $L_{C,ges}$ (simuliert) in dB	Verluste $L_{C,ges}$ (gemessen) in dB	Anzahl Parallelisierung N_P	Referenz
InP 250 nm	- / 700	BCB / Kupfer	300	Wilkinson 2:1		0,925	2 und 4	[KJK+15]
InP 250 nm	- / 700	BCB / Kupfer	255-330	Wilkinson 2:1		0,45-0,5	2	[GURP15]
InP 250 nm	- / 700	BCB / Kupfer	210-280	Wilkinson 2:1 T-Verzweigung 4:1		0,4 0,5	16	[GURP13] [GURP13]
InP 250 nm	- / 700	BCB / Kupfer	220	T-Verzweigung 4:1		0,6-0,7	4	[GRRF13]
InP 50 nm	450 / >300	BCB / Kupfer	190-220 140-220	Tandem 2:1 Dolph-Chebyshev 4:1		<= 1,4 0,85 - 1,6	8	[RLM+10]
InP 50 nm	500 / 1200	- / -	220-320	Tandem 2:1		1,2	2	[RDL+10]
SiGe 90 nm	310 / 350	- / Kupfer & Aluminium	140	Balun 2:1 Balun 4:1	0,7 1,25	1,3 2.15	8	[DB15]
SiGe 90 nm	300 / 310	- / Kupfer & Aluminium	120	T-Verzweigung 8:1 (λ/4-Anpassung)	~ 1		8	[LR14b]
SiGe 90 nm	300 / 310	- / Kupfer & Aluminium	102-140	T-Verzweigung 8:1 (λ/4-Anpassung)	0,5-0,6	1,2	8	[LR14a]
SiGe 130 nm	250 / 370	SiO_2 / Kupfer & Aluminium	200-225	T-Verzweigung 4:1	-	2-2,5	4	[SALP16]
SiGe 130 nm	300 / 500	SiO_2 / Aluminium	200-320	DT 4:1 (differentiell)	1,85-2,75	1,85-2,75	4	Kapitel 5.3
SiGe 130 nm	230 / 300	- / Kupfer & Aluminium	140-165	Mehrfach gespeiste Antenne	-5,7 (Effizienz)		8	[BH13]
SiGe 130 nm	200 / -	- / Aluminium	90-98	Freiraumkombination 3 x 3 on-chip Array	-3,5 +/- 0,5 (Effizienz)		9	[ACC+11]
Hohlleiter	-	-	220	Y-Verzweigung 2:1	0,5		8 (SSPA) 2 (Hohlleiter)	[RLS+12]
Hohlleiter	-	-	220	Y-Verzweigung 2:1 WR-4 Hohlleiter	0,3 0,025 dB/mm		8 (SSPA) 32 (Hohlleiter)	[BGK15]

Tabelle 5.2: Übersicht der Kombinationsverluste von parallelisierten Verstärkern

5.3.3 Streifenleitungsnetzwerke

Die gängigste Methode zur Leistungskombination besteht darin, ein geeignetes Streifenleitungsnetzwerk zu verwenden. Dabei sind die Verluste primär abhängig von der Materialkombination des Halbleiter BEOL-Prozesses. Während InP-basierte Halbleiterprozesse hauptsächlich ein extrem verlustarmes ($\tan\delta = 0.005$ bei 500 GHz) BCB-Dielektrikum [PZDA08] und Kupfer-Metallisierungen verwenden, kommt bei SiGe Halbleitern i. d. R. ein SiO_2 Dielektrikum und eine Metallkombination aus Aluminium- und Kupfermetalllagen zum Einsatz. Dabei zeigen BCB-basierte BEOL-Prozesse im Millimeterwellenbereich generell geringere Verluste auf als SiO_2-basierte BEOL-Prozesse. Zusätzlich ist die Leitfähigkeit von Kupfer höher als von Aluminium. Bei GaAs basierten Halbleiterprozessen werden verschiedene Schichten von BCB und Silizium-Nitrid eingesetzt, wobei die simulierten Verluste eines 4:1-Kombinationsnetzwerkes in [KPM+09] mit 2,4 dB angegeben sind. Auf demselben Prozess wurde in [LDM+13] ein Richtkoppler mit simulierten Verlusten von 0,6 dB angegeben. Ein weiterer PA in diesem GaAs Halbleiterprozess wurde mit Hilfe von DTs realisiert, wobei der 2:1 DT zur Leistungskombination gemittelte gemessene Verluste von 1,8 dB im Frequenzbereich von 56,5 - 170 GHz aufweist.
Die höchsten Ausgangsleistungen im Millimeterwellenbereich über 100 GHz werden auf Basis von InP-basierten ICs erreicht, wobei in dieser Arbeit ein SiGe-Prozess zur Verfügung steht. Dementsprechend werden in den folgenden Betrachtungen lediglich InP- und SiGe-Halbleiterprozesse berücksichtigt. Anhand der Tabelle 5.2 wird die Kombinationseffizienz von verschiedenen Typen an Streifenleitungskombinationsnetzwerken bewertet. Die Kombinationsnetzwerke auf Basis von T-Verzweigungen weisen dabei die geringsten Verluste auf. Hierbei ergeben sich für InP-basierte Halbleiter BEOL-Prozesse anhand von [GURP13] und [GRRF13] Verluste für ein 4:1 Kombinationsnetzwerk von 0,5 - 0,7 dB im Frequenzbereich von 210 - 280 GHz. In SiGe realisierte T-Verzweigungen weisen tendenziell höhere Verluste auf, allerdings kann durch eine geschickte geometrische Anordnung wie in [LR14b] und [LR14a] gezeigt, die Leitungslänge des Kombinationsnetzwerks auf Kosten höherer Verluste des Leistungsteilernetzwerks minimiert werden. Hierbei sind Verluste für ein 8:1 Kombinationsnetzwerk von 1,2 dB im Frequenzbereich von 102 - 140 GHz angegeben, allerdings

wären aufgrund der geometrischen Anordnung die Verluste für ein 4:1 Kombinationsnetzwerk identisch. Ein 200 - 225 GHz PA auf Basis eines SiGe Prozesses und einer Parallelisierung von vier Verstärkern ist in [SALP16] gezeigt. Dabei wird eine maximale Ausgangsleistung von 9,6 dBm erreicht, wobei die Verluste des Kombinationsnetzwerkes mit 2 - 2,5 dB angegeben sind. Höhere Verluste treten bei Kopplertypen mit nicht differentiellen Ausgängen auf, bspw. bei Wilkinson- , Tandem- oder Dolph-Chebyshev-Kopplern. Für InP-basierte Systeme ergeben sich dafür laut [KJK+15], [GURP15], [GURP13], [RLM+10] und [RDL+10] Verluste für 2:1 Kombinationsnetzwerke von 0,45 - 1,4 dB im Frequenzbereich von 190 - 330 GHz, wobei für ein 4:1 Kombinationsnetzwerke in [RLM+10] Verluste von 0,85 - 1,6 dB im Frequenzbereich von 140 - 220 GHz angegeben sind. In SiGe Technologie werden für parallelisierte Leistungsverstärker im Millimeterwellenbereich keine von diesen genannten Kopplertypen verwendet, lediglich bei der Leistungsaufteilung in [LR14a] wird ein 2:1 Wilkinson-Teiler mit simulierten Verlusten von 0,5 dB im Frequenzbereich von 102 - 140 GHz angegeben. Für einen SiGe-basierten 140 GHz Leistungsverstärker in [DB15] werden Baluns sowohl zur Leistungskombination, als auch zur Leistungsaufteilung verwendet. Dabei treten gemessene Verluste von 1,3 dB für die 2:1 Variante und 2,15 dB für die 4:1 Variante auf. Die Verluste der in dieser Arbeit verwendeten DTs zur Leistungsaufteilung aus Kapitel 5.2 weisen Verluste von 1,85 - 2,75 dB im Frequenzbereich von 200 - 320 GHz auf und würden sich verglichen mit anderen Kombinationsnetzwerken auf SiGe-Prozessen ebenfalls zur Leistungskombination eignen.

5.3.4 Mehrfach gespeiste Primärstrahler

Unter mehrfach gespeisten Antennen versteht man abstrahlende Elemente, welche sich in ihrer Strukturgröße nicht von einer einfach gespeisten Antenne unterscheiden, demnach bleibt die Strukturgröße im Bereich von $\lambda_{\varepsilon r}/2$, der Wellenlänge innerhalb des Mediums in dem die Antennen realisiert ist. Zusätzlich bezieht sich die mehrfache Speisung auf ein Signal, welches zuvor durch geeignete Streifenleitungsnetzwerke aufgeteilt wird. In diesem Fall kann die mehrfach gespeiste Antenne gleichzeitig als leistungskombinierendes Element betrachtet werden. In [BH13] wird eine auf einem Halbleiterprozess integrierte Antenne vorgestellt, welche von einem gemeinsamen VCO mit multiplen phasenverschobenen Ausgängen und nachgeschalteten Verstärkern gespeist wird. Dies führt zur Leistungskombination innerhalb des Antennenelements, allerdings findet keine Leistungsaufteilung statt. Aus diesem Grund ist dieses Antennensystem nicht direkt als Endstufe eines Kommunikationssender-SoCs einsetzbar. Zusätzlich wird aufgrund geometrischer Limitierungen beschrieben, dass nur ein einstufiger Verstärker zum Einsatz kommen kann. Dies reicht je nach System u. U. nicht aus, um jeden der Verstärker in Sättigung zu betreiben und beeinträchtigt dadurch die Kombinationseffizienz. Des Weiteren wird in [BH13] eine Antenne mit nach oben gerichteter Abstrahlung verwendet. Dies führt, wie in Abschnitt 2.3.1 beschrieben, zu einer deutlichen Degradierung der Antenneneffizienz und damit zu einer weiteren Verschlechterung der Kombinationseffizienz. In Kapitel 3.1 wurden differentiell gespeiste Schlitzantennen zur Integration im BEOL des Halbleiterprozesses eingeführt. Zusätzlich wurde in Kapitel 4.1 gezeigt, wie mit Hilfe von vier anregenden Monopolen des Primärstrahlers verschiedene Polarisationsmuster realisiert werden können. Das Konzept aus Abbildung 4.1b eignet sich dabei zur Leistungskombination von zwei differentiellen Signalen, wobei eine solche ILA in [GGB+15] demonstriert wurde. Da die Simulations- und Messergebnisse der kalibrierten Antennengewinnmessung sehr gut übereinstimmen, kann darauf geschlossen werden, dass die hohe Antenneneffizienz einer ILA ebenfalls validiert ist. Es ist zusätzlich möglich, pro Monopol mehrere Speiseleitungen gleicher Phase anzuschließen, was die Leistungskombination mehrerer parallelisierter Verstärkerzweige ermöglicht. Für einen Vergleich mit den anderen in diesem Kapitel aufgezeigten Verfahren zur Leistungskombination ist es wichtig zu zeigen, wie sich die Antenne bei mehrfacher Speisung verhält. Dazu wird eine Simulationsstudie eines differentiell gespeisten Primärstrahlers nach Abbildung 5.13 durchgeführt. Bei der Berechnung der unteren Grenzfrequenz bei der gegebenen elliptischen Form mit der Hauptachse $a = 320\,\mu\text{m}$ muss die Nebenachse $b = 215\,\mu\text{m}$ verwendet werden. Nach (3.2) ergibt sich damit eine untere Grenzfrequenz von 202 GHz. Es ist zu erkennen, wie sich die Geometrie der Monopole bei 4, 8, 16 und 32 Speiseleitungen verändert, um einen Reflexionsfaktor des gesamten Primärstrahlers besser -10 dB im Frequenzbereich von 200 - 260 GHz zu erreichen.

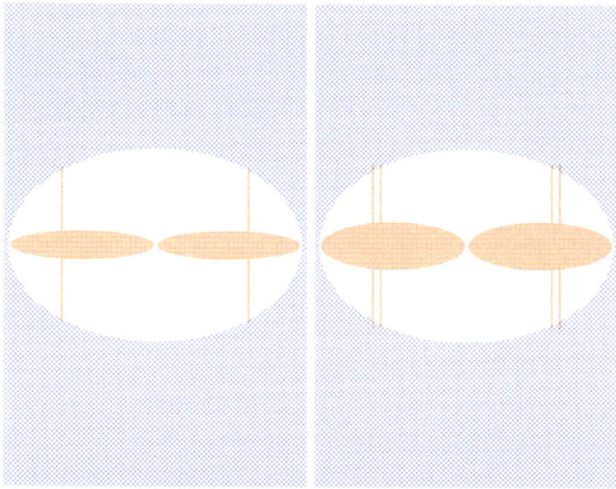

(a) 4 x 70 Ω   (b) 8 x 70 Ω

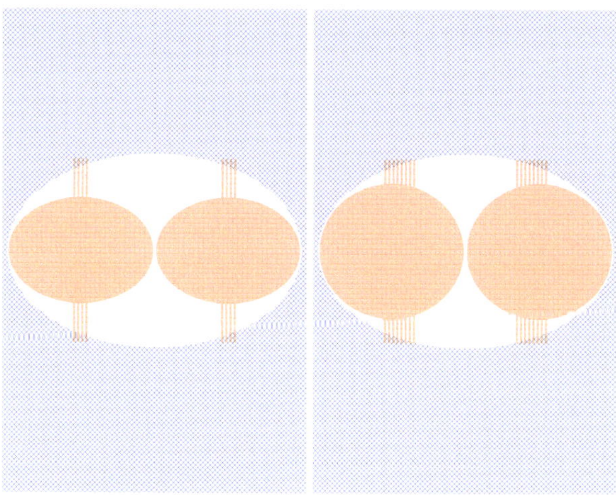

(c) 16 x 70 Ω   (d) 32 x 70 Ω

Abbildung 5.13: Simulationsmodelle für Schlitzantennen mit 4, 8, 16 und 32 Speiseleitungen. Die Metalllagen sind entsprechend Abbildung A.1 gekennzeichnet. [23] © 2017 IEEE.

Eine einzelne Speiseleitung hat dabei eine charakteristische Impedanz von 70 Ω. Die Antenneneffizienz ist für die Beurteilung der Kombinationseffizienz einer mehrfach gespeisten ILA das Qualitätskriterium. Diese sollte bei einer steigenden Anzahl an Speiseleitungen konstant bleiben, da somit gewährleistet werden kann, dass der Primärstrahler beim Anschluss mehrerer parallelisierter Verstärker keine zusätzlichen Verluste aufweist. In CST wird die Antenneneffizienz der einzelnen differentiell gespeisten Primärstrahler nach Abbildung 5.13 mit 4, 8, 16 und 32 Speiseleitungen berechnet. Die Ergebnisse sind in Abbildung 5.14 dargestellt. Es ist ersichtlich, dass bei 32 Speiseleitungen ein deutlicher Abfall der Antenneneffizienz zu erkennen ist, zusätzlich wird die Bandbreite der ILA reduziert. Ein praktikables Limit, nicht nur hinsichtlich der Antenneneffizienz, sondern auch der geometrischen Realisierbarkeit der parallelisierten Verstärker auf dem IC ist für dieses Simulationsmodell zwischen 16 und 32 Speiseleitungen erreicht. Da hierbei die Antenneneffizienz durch die mehrfache Speisung nicht merklich beeinflusst wird, können die Verluste der anderen Kombinationstypen durch das Konzept der mehrfach gespeisten Primärstrahler eliminiert werden und führen zu einer erhöhten Kombinationseffizienz.

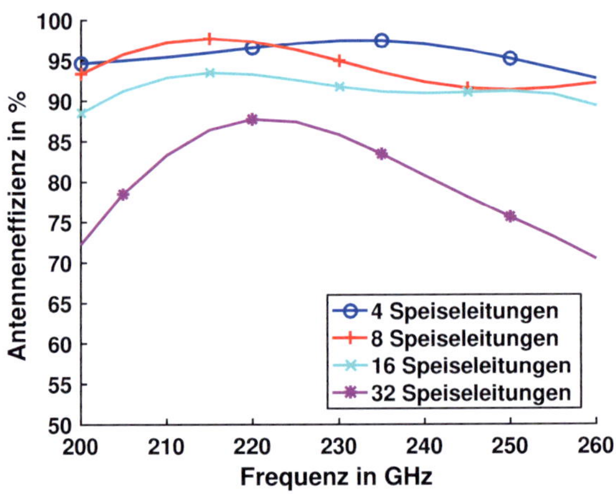

Abbildung 5.14: Simulierte Antenneneffizienz für 4, 8, 16 und 32 Speiseleitungen bei idealer Amplituden- und Phasenaufteilung. Der elliptische Schlitz hat eine Hauptachse von $a = 320\,\mu\text{m}$ und eine Nebenachse von $b = 215\,\mu\text{m}$. [23] © 2017 IEEE.

5.4 Bewertung der Methoden zur Leistungskombination

Abschließend können die vorgestellten on-chip Kombinationstypen wie Streifenleitungsnetzwerke, die Freiraumkombination und die ILA-Kombination für eine Abschätzung verwendet werden, mit welcher Art der Leistungskombination die maximale Ausgangsleistung erzielt werden kann. Dazu werden anhand von den gemessenen und veröffentlichten Daten aus Tabelle 5.2 die Leitungsverluste L_L der BEOL-Prozesse und die Verluste $L_\mathrm{C,ges}$ der Kombinationsnetzwerke analysiert. Alle angegebenen Verluste der Kombinationsnetzwerke $L_\mathrm{C,ges}$ werden auf ein 2:1 Kombinationsnetzwerk linear herunter gerechnet und ergeben die Kopplerverluste L_C. Da davon ausgegangen wird, dass die Leistungsverstärker in drahtlosen Kommunikationssender-SoCs eingesetzt werden, wird für jede vorgestellte Variante ohne angeschlossene Antenne, ein Wert von L_A = -0,5 dB für die Antennenverluste aufaddiert. Dies entspricht in etwa den Verlusten einer differentiell gespeisten ILA, wie in Abbildung 3.2 eingeführt. Die Leitungsverluste L_L werden für SiGe-Prozesse mit 2,86 dB/mm angenommen und weisen deutlich höhere Verluste auf als für InP-Prozesse mit 1 dB/mm. Die maximale Ausgangsleistung eines Einzelverstärkers wird wie in den vorherigen Beispielen zu P_dev = -4 dBm gesetzt. Der Abstand zwischen den parallelisierten Verstärkern wird für alle vorgestellten Leistungsverstärker konstant zu d = 50 µm gewählt, um einen besseren Vergleich zu ermöglichen. Mit diesen Angaben wird nach der Methode aus [BGK15] die maximal zu erwartende Ausgangsleistung P_out in Abhängigkeit von der Anzahl N_P der parallelisierten Zweige berechnet. Das Prinzipschaltbild dieser Methode ist anhand einer allgemeinen Topologie parallelisierter Verstärker in Abbildung 5.15 gezeigt.

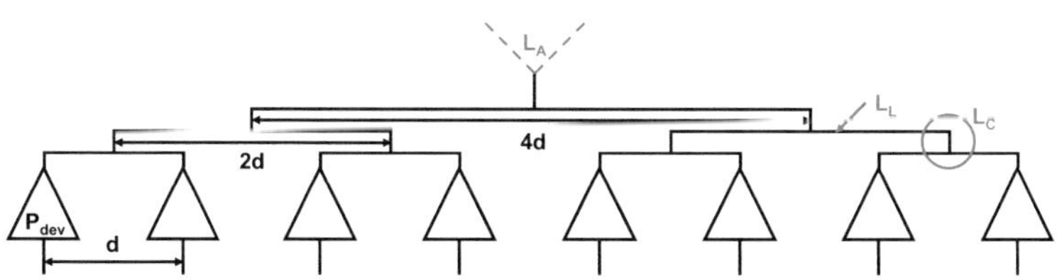

Abbildung 5.15: Blockschaltbild zur P_out-Berechnung. [BGK15]

Mit Hilfe von (5.6) [BGK15] kann abschließend die maximal zu erwartende Ausgangsleistung P_{out} berechnet werden, wobei die Berechnungen für die beiden betrachteten BEOL-Prozesse separat abgebildet werden und die angegebenen Frequenzbereiche aus Tabelle 5.2 nicht getrennt betrachtet werden.

$$P_{\text{out}} = P_{\text{dev}} + 10 \cdot \log_{10}(N_{\text{P}}) + L_{\text{C}} \cdot \log_{2}(N_{\text{P}}) + L_{\text{L}} \cdot d \cdot \frac{N_{\text{P}}}{2} + L_{\text{A}} \tag{5.6}$$

Die Ergebnisse dieser Berechnungen sind in Abbildung 5.16 zu sehen. Vergleicht man abschließend die verschiedenen Methoden zur Leistungskombination, befindet sich die Freiraum-Leistungskombination unabhängig von der Anzahl N_{P} der parallelisierten Zweige konstant unterhalb der idealen Betrachtungsweise, da sich hier lediglich die Antennenverluste L_{A} negativ auswirken, die Kombinationseffizienz aber bei nahezu 100 % liegt. Für Streifenleitungskonzepte erreicht man je nach Topologie eine maximale Ausgangsleistung die zwischen den Koppler-basierten und den T-Verzweigungskonzepten liegt, wobei in den meisten Arbeiten beide Topologien gemischt zum Einsatz kommen. Deren Verluste lassen sich aber niemals komplett eliminieren, weshalb das hier vorgestellte Konzept von mehrfach gespeisten Primärstrahlern dennoch über den besten Ergebnissen liegt, welche mit Streifenleitungskonzepten realisiert werden können, da die Kopplerverluste L_{C} bis zu einer Anzahl von 16 parallelisierten Zweigen vernachlässigbar sind. Für eine höhere Anzahl an parallelisierten Zweigen ist im Einzelfall zu prüfen, ob die Degradierung der Antenneneffizienz in Kauf genommen werden kann oder ob ein mehrfach gespeister Primärstrahler mit anderen Streifenleitungskonzepten kombiniert wird, wobei hier aufgrund der niedrigen Verluste die T-Verzweigung gewählt werden sollte. Dementsprechend lässt sich mit den mehrfach gespeisten Primärstrahlern sowohl für SiGe- als auch InP-basierte BEOL Prozesse bei einer Parallelisierung von $N_{\text{P}} = 16$ eine um mindestens 1 dB höhere Ausgangsleistung erzielen, als mit den traditionellen Streifenleitungsnetzwerken erreicht werden kann. Zusätzlich entfällt die Halbleiterfläche, welche für die Kombinationsnetzwerke benötigt wird und der Primärstrahler kann mit einfachen Mitteln an die Ausgangsimpedanz der vorgeschalteten Verstärker angepasst werden.

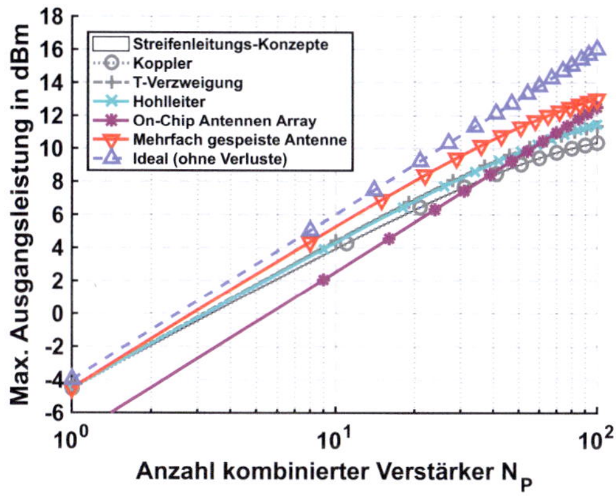

(a) InP-Daten

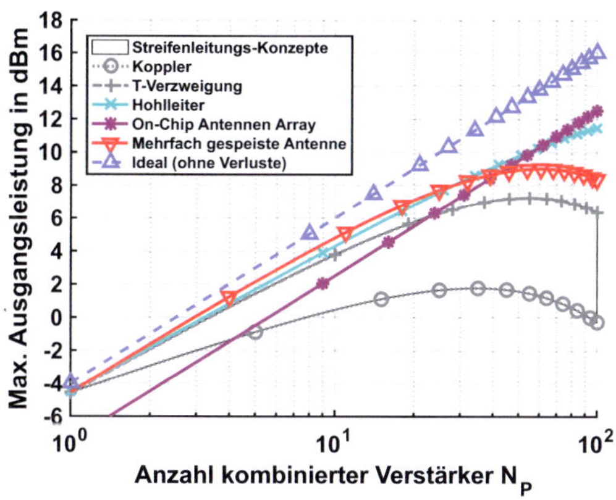

(b) SiGe-Daten

Abbildung 5.16: Maximal erreichbare Ausgangsleistung in Abhängigkeit von parallelisierten Verstärkern für verschiedene Arten der Leistungskombination. Die Berechnung erfolgt anhand (5.6) und der Daten aus Tabelle 5.2 für eine konstante Ausgangsleistung eines Einzelverstärkers von P_{dev} = -4 dBm.

6 Mehrfach gespeiste Primärstrahler

Im vorherigen Kapitel wurde das Konzept der mehrfach gespeisten Primärstrahler eingeführt und die Vorteile gegenüber anderen Netzwerken zur Leistungskombination herausgearbeitet. In diesem Kapitel geht es um die detaillierte Umsetzung dieses Konzepts auf einem IC und die messtechnische Charakterisierung von den in dieser Arbeit realisierten ILAs. Es werden Primärstrahler mit linearer und zirkularer Polarisation untersucht, wobei die Polarisationsart maßgeblich durch das Netzwerk der Leistungsaufteilung bestimmt wird. Dabei kann die enorme Bandbreite der Primärstrahler oder eine sehr kompakte Realisierung des gesamten leistungskombinierenden ILA-Systems messtechnisch nachgewiesen werden.

6.1 Streifenleitungen im Halbleiterprozess

Die 7 Metalllagen des BEOL bieten die Möglichkeit, Impedanzen im Bereich von 10 - 90 Ω zu realisieren und die Leiterbreite abhängig zum Abstand der Massefläche h zu variieren. Dies ist bspw. für Mäander-Leitungen von Vorteil, welche für dünnere Leiterbreiten w kompakter zu realisieren sind. Für die Streifenleitungen in dieser Arbeit wird eine Leiterbreite von maximal 25 µm als praktikabel erachtet. Anhand der Arbeiten aus [PMH68] und [Whe77] lassen sich die Leiterbreiten und Verluste von Streifenleitungen berechnen. Für Streifenleitungs-Impedanzen von $20,30$ und 50 Ω werden bei einer Metallleitfähigkeit von $\sigma = 2,72 \cdot 10^7$ S/m in Abbildung 6.1 die Verluste und Leitungsbreiten in Abhängigkeit des Abstandes zur Massefläche gezeigt. Die Impedanzen sind aufgrund der Feldverteilung einer quasi-TEM Mode weitestgehend frequenzunabhängig, werden in dieser Betrachtung aber bei 240 GHz berechnet, um die Verluste des BEOL annähernd abbilden zu können.

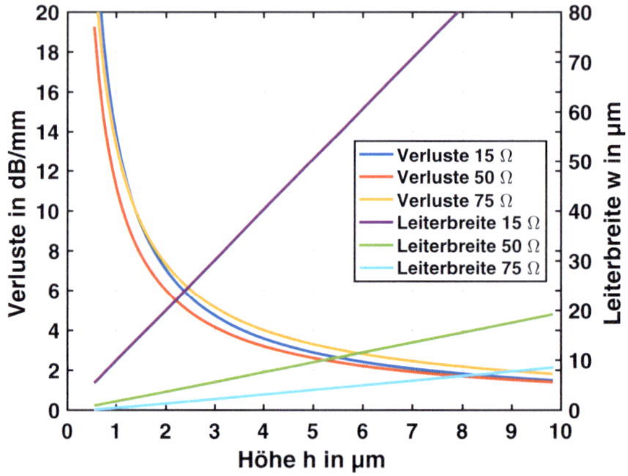

Abbildung 6.1: Verluste einer Streifenleitung in Abhängigkeit der Leiterbreite w und Abstand zur Massefläche h.

Die ermittelten Werte liefern aber keine exakte Beschreibung einer Streifenleitung im hier verwendeten BEOL des Halbleiterprozesses, da für diese Berechnung die klassische Feldverteilung einer Streifenleitung im Dielektrikum und Luft angenommen wird. Außerdem werden die sehr dünnen Metallschichtdicken, teilweise unterhalb der Eindringtiefe, nicht berücksichtigt. Es soll also hauptsächlich das Verhältnis der Verluste von verschiedenen Impedanzen mit unterschiedlichen Leiterbreiten und Abständen zur Massefläche dargestellt werden. Es ist dabei zu erkennen, dass für geringere Verluste der Abstand zur Massefläche groß gewählt werden sollte, was wiederum für niedrige Leitungsimpedanzen aufgrund von zu hohen Leiterbreiten unpraktikabel wird. Aus diesem Grund kann generell angenommen werden, dass Streifenleitungen mit niedrigeren Leitungsimpedanzen höhere Verluste aufweisen.

6.2 Linear polarisierte Primärstrahler

Wie bereits in Abschnitt 4.1 beschrieben, können an einen Primärstrahler direkt parallelisierte Verstärker angeschlossen werden. Die Speisung der einzelnen Monopole ist nach der in Abbildung 4.1b dargestellten Phasenbeziehungen zu wählen. In diesem Fall kombiniert sich die Leistung an den einzelnen Monopolen im Primärstrahler selbst. Ein zusätzlicher Vorteil bei der Implementierung im BEOL eines Halbleiterprozesses sind die hohen Strukturauflösungen von 2 µm. Dies bietet die Möglichkeit, wie in Abschnitt 5.3.4 bereits angedeutet, mehrere Streifenleitungen an einen Monopol anzuschließen und dementsprechend eine höhere Anzahl von parallelisierten Verstärkerzweigen zu kombinieren. Aufgrund der Möglichkeit den Abstand zwischen den Streifenleitungen gering zu halten, wirkt die Speisung mit zwei Streifenleitungen in guter Näherung wie eine Parallelschaltung beider Leitungen und dementsprechend wie die Speisung mit nur einer Streifenleitung mit der halben charakteristischen Impedanz.

6.2.1 Primärstrahler-Verstärker Schnittstelle

Die Schnittstelle zwischen den Verstärkern und dem Primärstrahler ist so anzupassen, dass der Transformationsweg von der leistungsangepassten Ausgangsimpedanz der Verstärker zur Eingangsimpedanz der Monopole möglichst kurz ist. Dadurch sollen die Verluste des Anpassnetzwerks minimiert und die Bandbreite der Verstärker maximiert werden. Die vorgestellten Schlitzantennen können durch geometrische Veränderungen der einzelnen Monopole in ihrer Eingangsimpedanz variiert werden. In dieser Arbeit wird lediglich die Anpassung auf reelle Eingangsimpedanzen der Monopole demonstriert, es ist aber generell möglich, komplexe Eingangsimpedanzen zu realisieren. Die geometrischen Veränderungen der Monopole bei einer Änderung der Eingangsimpedanz waren bereits bei einer Erhöhung der pro Monopol angeschlossenen Streifenleitungen in Abschnitt 5.3.4 ersichtlich. In dem hier vorliegenden Fall werden die Geometrien der Monopole für unterschiedliche Eingangsimpedanzen des Primärstrahlers bei einer gleich bleibenden Anzahl von Speiseleitungen variiert. Für die folgenden Untersuchungen werden an jeden der vier Monopole zwei Speiseleitungen angeschlossen, wobei sich die Eingangsimpedanz immer auf eine einzelne Streifenleitung bezieht. In Abbildung 6.2 ist die geometrische Veränderung der Monopole für Eingangsimpedanzen von 12,5 Ω, 30 Ω und 60 Ω pro Streifenleitung bei einem gleichbleibenden kreisförmigen Schlitzdurchmesser von $d_s = 300\,\mu m$ abgebildet. Dabei ist zu erkennen, dass für hochohmige Eingangsimpedanzen die Monopole in ihren lateralen Abmessungen kleiner werden, dies deckt sich mit den Untersuchungen aus Abschnitt 5.3.4. Für die Variante mit 12,5 Ω Eingangsimpedanzen überlappen die Monopole teilweise den Schlitz, es kann aber simulativ gezeigt werden, dass die Antenneneffizienz und das Abstrahlverhalten dadurch noch nicht negativ beeinflusst werden.

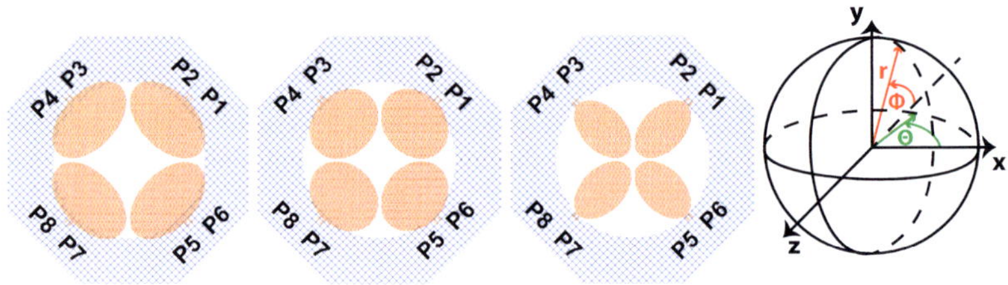

(a) 12,5 Ω (b) 30 Ω (c) 60 Ω (d) Koordinatensystem

Abbildung 6.2: Geometrien der Monopole für verschiedene Eingangsimpedanzen pro Mikrostreifenleitung. Die Metalllagen sind entsprechend Abbildung A.1 gekennzeichnet. [4] © 2017 IEEE.

Die acht Anschlüsse werden nun mit idealer Phasen- und Amplitudenaufteilung durch ideale 3 dB-Leistungsteiler und ideale Phasenschieber gespeist, um den Eingangsreflexionsfaktor des gesamten Primärstrahlers zu überprüfen. Für die Geometrien aus Abbildung 6.2 kann gezeigt werden, dass eine Anpassung von besser -10 dB im Frequenzbereich von 200 - 300 GHz für alle drei betrachteten Eingangsimpedanzen erreicht werden kann. Dazu sind in Abbildung 6.3 die -10 dB-Kreise für die jeweilige Eingangsimpedanz eingezeichnet. Für die Variante mit einer Eingangsimpedanz von 12,5 Ω pro Streifenleitung ergibt sich die geringste -10 dB-Bandbreite. Dennoch wird eine absolute Bandbreite von über 100 GHz erreicht, welche verglichen mit der 3 dB-Bandbreite von Leistungsverstärkern im Millimeterwellenbereich (siehe Tabelle 5.2) ausreichend hoch ist.

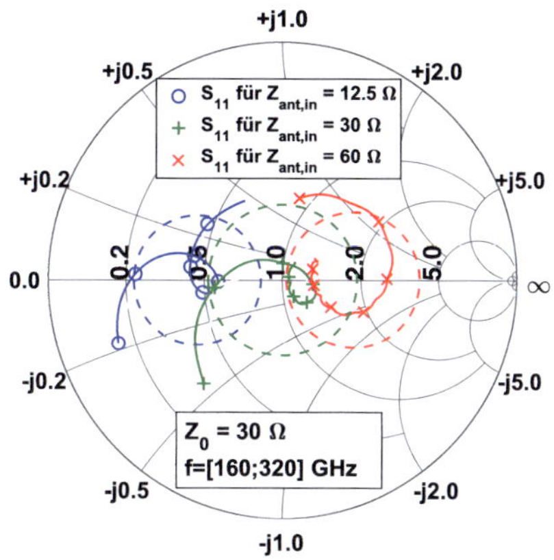

Abbildung 6.3: Eingangsanpassung der Antennen bei idealer Speisung der Einzelanschlüsse P1 - P8. [4] © 2017 IEEE.

6.2.2 Amplituden- und Phasenschwankungen

Alle in Kapitel 5.3 vorgestellten Methoden zur Leistungskombination weisen sowohl dielektrische als auch ohmsche Verluste auf. Bei zusätzlich auftretenden Phasen- und Amplitudenschwankungen der parallelisierten Zweige wird die Kombinationseffizienz von Streifenleitungsnetzwerken oder Mehrantennensystemen zusätzlich verringert. Diese Variationen sind auch für das Konzept der mehrfach gespeisten Primärstrahler zu berücksichtigen. Für den vorgestellten 8-fach gespeisten Primärstrahler aus Abbildung 6.2c wird eine Simulationsstudie durchgeführt und dabei verschiedene Anschlüsse mit Amplituden- und Phasenschwankungen, wie in Tabelle 6.1 dargestellt, gespeist. Der IC mit dem Primärstrahler wird für die Simulation dabei auf einer hemisphärischen Silizium-Linse mit einem Durchmesser von 12 mm und einer Höhe von 8 mm aufgebracht. Als qualitative Größe zur Beurteilung der Performanz wird die Antenneneffizienz berechnet und in Abbildung 6.4a dargestellt. Zusätzlich können durch die daraus resultierende inhomogene und unsymmetrische Speisung Schwankungen der Richtcharakteristik auftreten, weshalb die Kopolarisation zusätzlich für die E- und H-Ebene in Abbildung 6.4b und 6.4c dargestellt ist.

deg / dB	P1	P2	P3=P4	P5=P6	P7	P8
A	0/0	0/0	180/0	0/0	180/0	180/0
B	20/0	20/0	180/0	0/0	160/0	160/0
C	40/0	40/0	180/0	0/0	140/0	140/0
D	40/0	0/0	180/0	0/0	180/0	140/0
E	20/-3	20/0	180/0	0/0	160/0	160/-3
F	0/-50	0/0	180/0	0/0	180/0	180/-50

Tabelle 6.1: Amplituden- und Phasenschwankungen. [4] © 2017 IEEE.

Aufgrund der geometrisch kleinen Abmessung des Primärstrahlers und der Tatsache, dass das abstrahlende Element der gesamte Schlitz unterhalb der Monopole ist, kann selbst im Fall F, in dem zwei Verstärker komplett ausfallen, eine Richtungsänderung von maximal 1° der Hauptstrahlrichtung der ILA beobachtet werden. Wird allerdings die Kombinationseffizienz anhand der Antenneneffizienz betrachtet, ist zu erkennen, dass für die Phasen- und Amplitudenschwankungen in den Fällen A-E eine maximale Verringerung der Effizienz von 12 % auftritt, wobei maximale Phasenschwankungen von 20° und maximale Amplitudenschwankungen von 3 dB angenommen werden. Im Falle eines Komplettausfalls von zwei Verstärkern sinkt die Effizienz um 32 %. Im Vergleich zur theoretischen Annahme müsste beim Ausfall von zwei Verstärkern im idealen Fall eine Effizienzminimierung um 25 % auftreten, dementsprechend entfallen die restlichen 7 % auf die Degradierung durch eine inhomogene Speisung der einzelnen Monopole. Mit Hilfe einer solchen Simulation lassen sich beliebige Permutationen von Amplituden- und Phasenbelegungen und die Auswirkungen auf die ILA-Performanz berechnen. Wenn die Schwankungen des Halbleiterprozesses bekannt sind, kann eine Standardabweichung der ILA-Performanz mit Hilfe einer solchen Simulation erstellt werden. Die Variation der Eingangsimpedanz wird in den folgenden Realisierungsbeispielen von passiven und aktiven ILAs messtechnisch verifiziert. Dabei werden Impedanzwerte von 12,5 Ω, 50 Ω und 88 Ω realisiert.

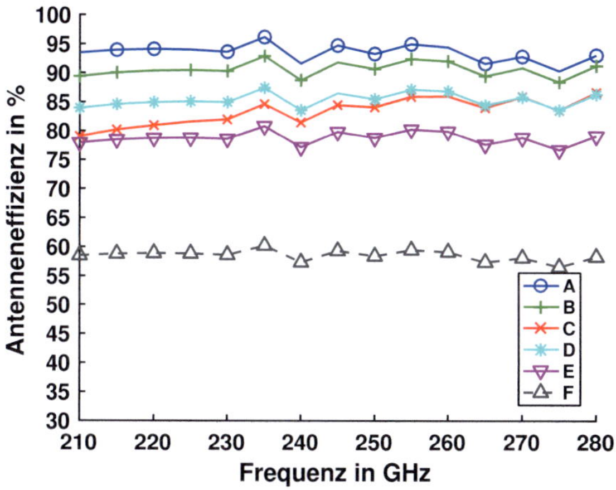

(a) Antenneneffizienz

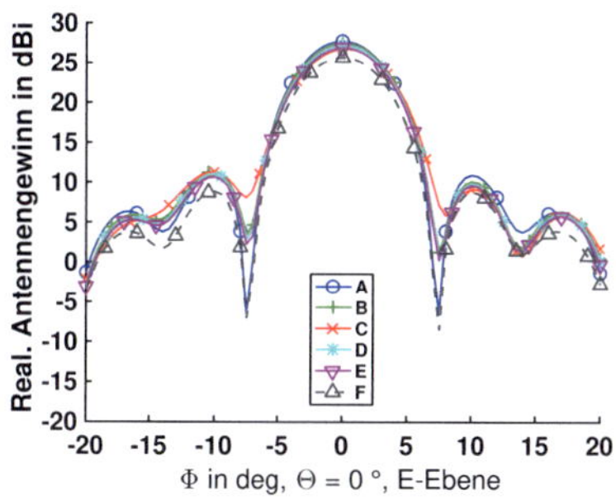

(b) Richtcharakteristik

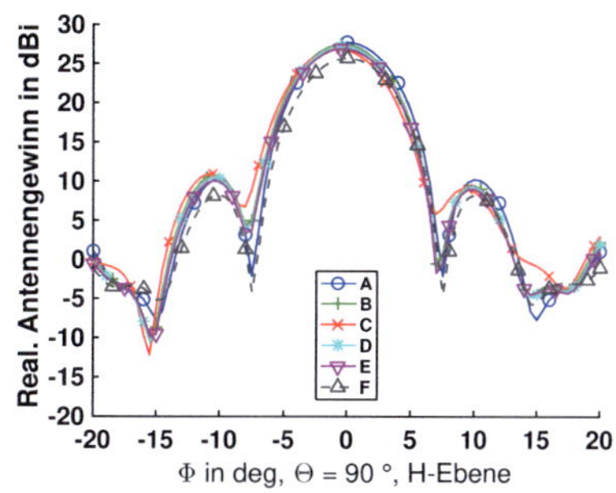

(c) Richtcharakteristik

Abbildung 6.4: Simulierte mehrfach gespeiste ILA entsprechend den Werten aus Tabelle 6.1. [4] © 2017 IEEE.

6.2.3 Passive 8-fach gespeiste integrierte Linsenantenne

Die Möglichkeiten der Leistungskombination von 8-fach gespeisten Primärstrahlern werden zunächst anhand von passiven Strukturen evaluiert. Der erste passive Primärstrahler besitzt eine Eingangsimpedanz von $50\,\Omega$ pro Streifenleitung. Zunächst wird der $50\,\Omega$ CPW Anschluss mittels des in Abbildung 5.10 vorgestellten Klopfenstein-Tapers auf eine Impedanz von $25\,\Omega$ transformiert. Dies ermöglicht eine impedanzangepasste T-Verzweigung auf zwei 50 Ω Leitungen mit gleicher Signalamplitude und -phase. Anschließend erfolgt mit den in Abbildung 5.7 gezeigten DTs eine weitere Leistungsaufteilung und die Erzeugung der quasi-differentiellen Signale. Anschließend ist darauf zu achten, dass die Streifenleitungen zwischen den DTs und den Monopolen des Primärstrahlers die gleiche elektrische Länge aufweisen. Damit die Phasenbeziehungen der Signalleitungen an den Monopolen korrekt sind, müssen Leitungsüberkreuzungen eingesetzt werden. Dies erklärt die Ausgleichsleitungen, welche in Abbildung 6.5 zwischen den DTs und den Anschlüssen der Monopole zu sehen sind.

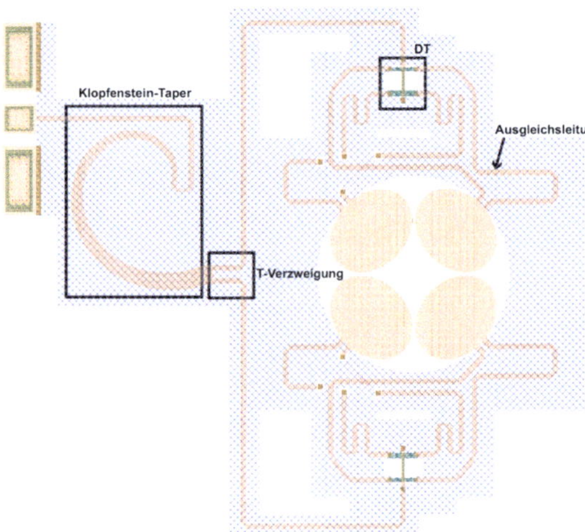

Abbildung 6.5: Layout der 8-fach gespeisten Antenne mit 50 Ω Eingangsimpedanz pro Streifenleitung. Die Metalllagen sind entsprechend Abbildung A.1 gekennzeichnet. [4] © 2017 IEEE.

Die Leitungsüberkreuzungen werden mit Hilfe von Durchkontaktierungen und einer Streifenleitung unterhalb der Massefläche M 5 geführt, um eine hohe Entkopplung zu erreichen. Die Durchkontaktierungen wirken induktiv und weisen einen entsprechend höheren Phasenversatz auf, als durch die rein physikalische Länge angenommen werden kann. Die restlichen Streifenleitungen sind demnach anhand der elektrisch längsten Leitung in ihrer Länge anzupassen. Für den Nachweis der Leistungskombination mit Hilfe der passiven ILAs haben diese zusätzlichen Leitungslängen keine Relevanz. Für ein aktives Primärstrahler-Design sind die Leitungslängen nach den Verstärkern möglichst kurz zu halten, um die Verluste zu minimieren und damit die Kombinationseffizienz zu maximieren. Der Primärstrahler aus Abbildung 6.5 wird in der Simulation und Messung auf eine hemisphärische Silizium-Linse mit 6 mm Durchmesser und einer Höhe von 4 mm geklebt. Dafür wird der in Kapitel 3 evaluierte Kleber Polytec TC 430-T verwendet. Anschließend werden kalibrierte Gewinnmessungen im Frequenzbereich von 205 - 320 GHz durchgeführt. Durch die bereits erfolgten back-to-back Messungen der Komponenten zur Leistungsaufteilung in Kapitel 5.2 ist sichergestellt, dass die Verluste der Strukturen im BEOL richtig abgebildet sind. Durch die Übereinstimmung der Simulation und Messung der gesamten passiven ILA kann somit die Annahme bestätigt werden, dass der Primärstrahler selbst als effizientes leistungskombinierendes Element verwendet werden kann. Sowohl für den Reflexionsfaktor als auch für den realisierten Antennengewinn ist eine gute Übereinstimmung mit der Simulation zu erkennen, wie in Abbildung 6.6 dargestellt ist.

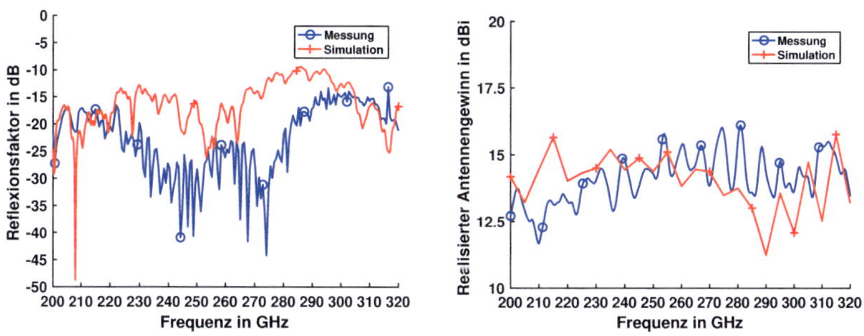

(a) (b)

Abbildung 6.6: Simulation und Messung der 8-fach gespeisten passiven Antenne auf einer hemisphärischen Silizium-Linse mit 6 mm Durchmesser. [4] © 2017 IEEE.

Damit sind auch die vorangegangenen Simulationen zur Antenneneffizienz mit idealen Netzwerken zur Amplituden- und Phasenaufteilung als gültig zu betrachten, auch wenn eine Messung der Antenneneffizienz im Millimeterwellenbereich nicht durchgeführt werden kann. Die Schwankungen im gemessenen und simulierten realisierten Antennengewinn sind bedingt durch den Übergang der Silizium-Linse zu Luft und können durch die Anbringung einer $\lambda/4$-Anpassungsschicht auf der Silizium-Linse minimiert werden [LFM+06]. Dies wurde in Kapitel 3.1 bereits genauer betrachtet. Im Falle einer differentiellen oder quasi-differentiellen Auslegung der anzuschließenden Verstärker ist die Leitungsüberkreuzung nach den Verstärkern unerlässlich und führt zu unerwünschten Verlusten durch die Länge der Ausgleichsleitungen. Aufgrund der Schirmung des hochpermittiven und verlustbehafteten Siliziums mit Hilfe einer durchgehenden Massefläche in einer der unteren Metalllagen des BEOL besitzen die meisten Komponenten nur eine quasi-differentielle Topologie, d. h. zwei annähernd entkoppelte Streifenleitungen mit 180° Phasenunterschied. Zudem werden Leistungsverstärker in SiGe-Technologien, wie in Kapitel 5.3.3 bereits dargestellt, oftmals in einer nicht-differentiellen Topologie realisiert. Aus diesem Grund kann die Leitungsüberkreuzung problemlos vor den Verstärkern platziert werden, was die Verluste der Verstärker-Primärstrahler Schnittstelle zusätzlich minimiert. In einem weiteren Schritt wurde dementsprechend ein passiver Primärstrahler mit Hilfe des in Abbildung 5.4 gezeigten DT mit zusätzlicher Leitungsüberkreuzung der innen liegenden Streifenleitungen entworfen. Die Eingangsimpedanz des Primärstrahlers ist bei der Wahl dieses DT dementsprechend zu 12,5 Ω pro Streifenleitung gewählt. Eine lineare Polarisation kann wie in Abschnitt 3.1 bereits gezeigt, mit nur zwei Monopolen erreicht werden, weshalb hier vier Anschlüsse pro Monopol benutzt werden, um einen 8-fach gespeisten Primärstrahler nach Abbildung 6.7 zu realisieren. Die elliptische Form des Schlitzes besitzt eine Hauptachse von $a = 280\,\mu\text{m}$ und eine Nebenachse von $b = 200\,\mu\text{m}$. Im Gegensatz zu der vorherigen Variante mit vier Monopolen ist zu beachten, dass in diesem Fall vier Verstärker ausgangsseitig DC-mäßig gekoppelt wären. Dies sollte bei einer Stabilitätsanalyse der parallelisierten Verstärker berücksichtigt werden. Der spiralförmige Klopfenstein-Taper wurde in diesem Design ersetzt und nach der T-Verzweigung integriert, die Impedanz-Transformation findet demnach von 100 Ω auf 50 Ω statt. Anschließend werden die back-to-back vermessenen DTs aus Abbildung 5.1 mit integrierter Leitungsüberkreuzung verwendet, welche die benötigten 12,5 Ω Ausgangsimpedanzen liefern. Nach der Platzierung des passiven Primärstrahlers auf einer hemisphärischen Silizium-Linse mit 6 mm Durchmesser und einer Höhe von 4 mm werden kalibrierte Gewinnmessungen durchgeführt. Der gemessene und simulierte Reflexionsfaktor, sowie die realisierten Gewinne in der senkrecht zum IC gerichteten Abstrahlung zeigen, wie in Abbildung 6.8 dargestellt, eine sehr gute Übereinstimmung.

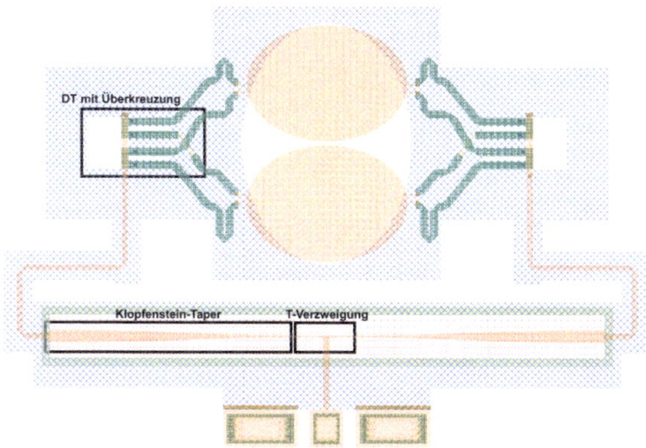

Abbildung 6.7: Layout der 8-fach gespeisten Antenne und 12,5 Ω Eingangsimpedanz pro Streifenleitung. Ein DT mit integrierter Leitungsüberkreuzung wird verwendet. Die Metalllagen sind entsprechend Abbildung A.1 gekennzeichnet. [23] © 2017 IEEE.

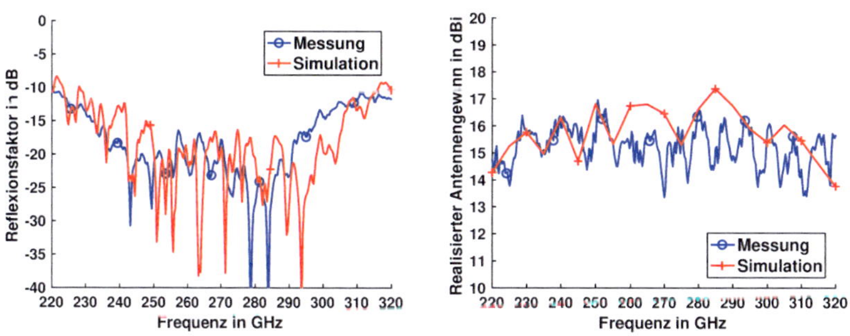

Abbildung 6.8: Simulation und Messung der 8-fach gespeisten passiven Antenne auf einer hemisphärischen Silizium-Linse mit 6 mm Durchmesser. [23] © 2017 IEEE.

Zusätzlich sind auch die Richtcharakteristiken der Kopolarisation für die E- und H-Ebene in Abbildung 6.9 dargestellt, wobei die Hauptstrahlrichtung in der E-Ebene um 2° abweicht. Dies kann durch eine nicht ideale Platzierung des Phasenzentrums des Primärstrahlers im Fokuspunkt der Linse begründet sein. Abschließend lässt sich an dieser ILA zeigen, dass im Vergleich zu der passiven Antenne aus Abbildung 6.5 eine kompaktere Bauweise der Verstärker-Primärstrahler Schnittstelle realisiert werden kann, was zu geringeren Verlusten und damit einer höheren Kombinationseffizienz führt.

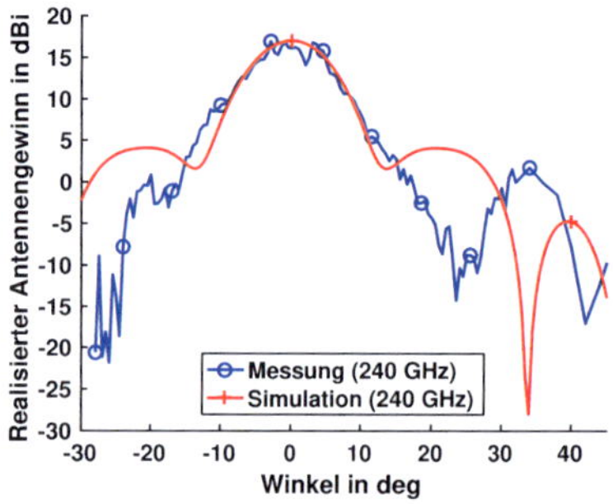

(a) E-Ebene

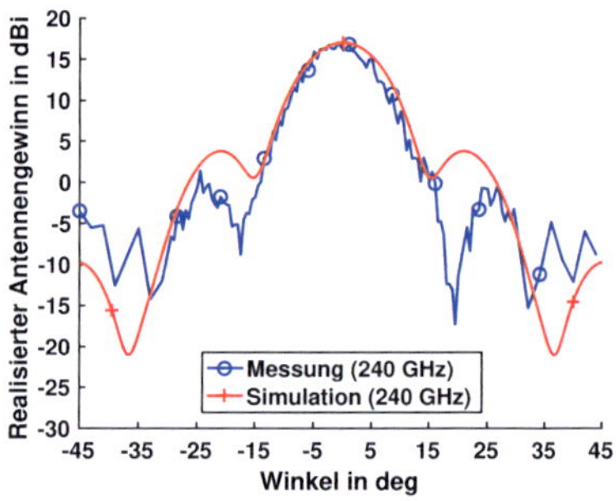

(b) H-Ebene

Abbildung 6.9: Simulierte und gemessene Richtcharakteristiken der 8-fach gespeisten passiven Antenne auf einer hemisphärischen Silizium-Linse mit 6 mm Durchmesser. [23] © 2017 IEEE.

6.2.4 Aktive 8-fach gespeiste integrierte Linsenantenne

Der Nachweis der Leistungskombination ist im letzten Abschnitt durch die vorgestellten passiven ILAs mit Hilfe von kalibrierten Gewinnmessungen erbracht. Die Auswirkung auf aktive Komponenten lässt sich im Millimeterwellenbereich niemals komplett simulativ abbilden, da die Transistormodelle lediglich eine Annäherung der physikalischen nichtlinearen Eigenschaften darstellen können. Dementsprechend werden in einem nächsten Schritt parallelisierte differentielle Verstärker an den Primärstrahler angeschlossen. Ein einstufiger Kaskoden-Verstärker wird entwickelt, um den prinzipiellen Nachweis einer aktiven 8-fach gespeisten ILA zur Leistungskombination zu erbringen. Der schematische Verstärker-Aufbau des Projektpartners IHCT ist in Abbildung 6.10 gezeigt.

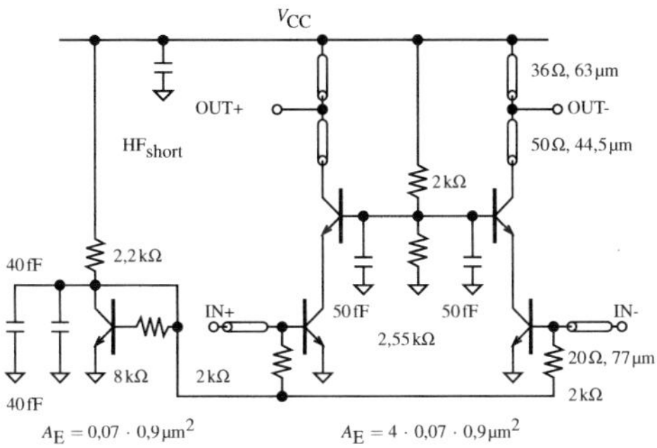

Abbildung 6.10: Schaltplan des einstufigen differentiellen Kaskoden-Verstärkers des Projektpartner IHCT in SG13G2 Technologie nach A.1. [4] © 2017 IEEE.

Der Verstärker weist dabei eine niedrige Eingangsimpedanz von 12,5 Ω pro Streifenleitung auf und eignet sich zum direkten Anschluss an den DT aus Abbildung 5.1 mit entsprechenden Ausgangsimpedanzen. Am Ausgang wird der Verstärker an eine Impedanz von 50 Ω angepasst. Zur Entkopplung des DC- und HF-Pfades wird eine Streifenleitung und das Prinzip der virtuellen Masse zwischen den differentiellen Leitungspaaren verwendet. Um die einzelnen Verstärkerzweige ausgangsseitig bestmöglich voneinander zu entkoppeln, wurde das Konzept mit vier anregenden Monopolen verwendet. Die komplette Verstärker-Struktur der Streifenleitungen, MIM-Kapazitäten und DC-Versorgungsleitungen ist in 3D-Feldsimulationen nach Abbildung 6.11 aufgebaut, um parasitäre Effekte von Durchkontaktierungen und die Kopplungen zwischen Signalleitungen bestmöglich abbilden zu können. Man erhält dadurch eine S-Parameter Beschreibung aller Streifenleitungen und MIM-Kapazitäten mit 14 Anschlüssen. Dabei sind die DC-Versorgung, die differentiellen HF Ein- und Ausgänge und sämtliche Basis-, Kollektor- und Emitter-Anschlüsse der Kaskoden-Schaltung mit den entsprechenden Widerständen oder Transistormodellen des Design-Kits von dem verwendeten Halbleiterprozesses SG13G2 anzuschließen.

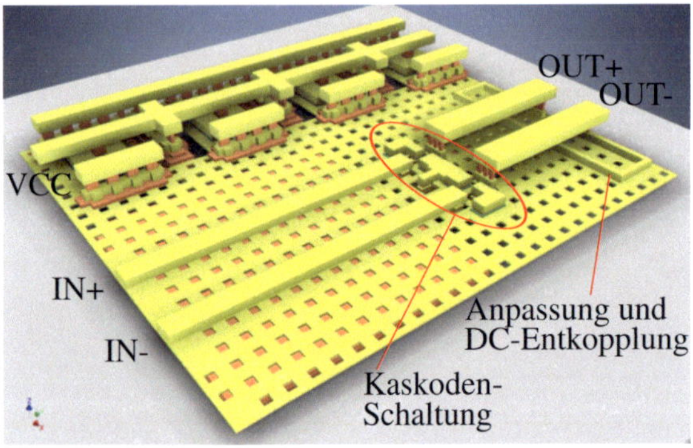

Abbildung 6.11: 3D-Simulationsmodell des differentiellen Kaskoden-Verstärkers. Die Abmessungen betragen 130 x 110 μm^2. [6]

Die simulierte Eingangs- und Ausgangsanpassung und der Verstärkergewinn sind in Abbildung 6.12 gezeigt und weisen einen maximalen Gewinn von 5,2 dB bei 207 GHz auf.

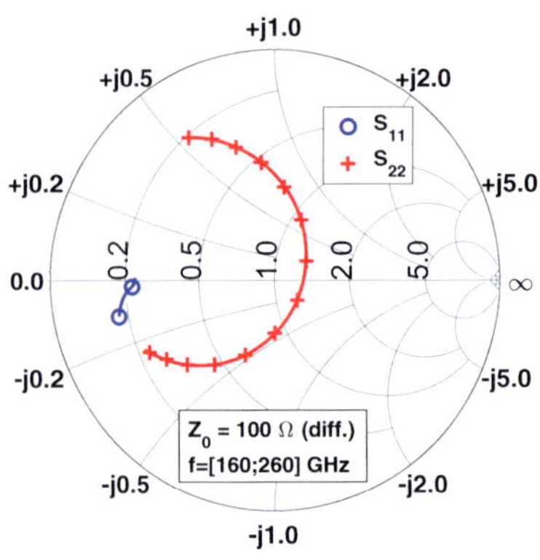

(a) Eingangs- und Ausgangsanpassung

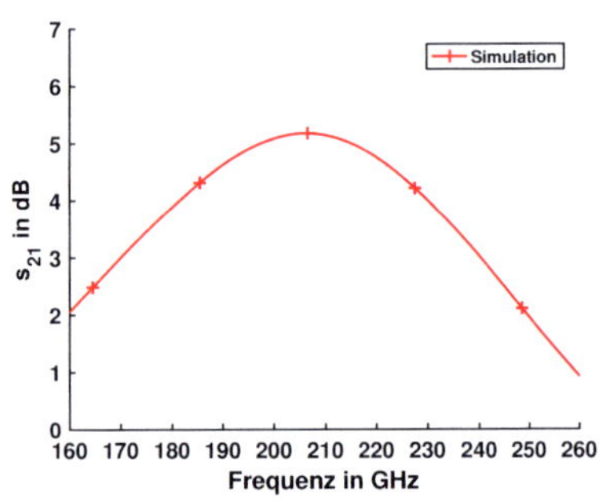

(b) Gewinn

Abbildung 6.12: Simulierte S-Parameter des einstufigen differentiellen Kaskoden-Verstärker. [4] © 2017 IEEE.

Der aktive Primärstrahler wird anschließend aus den passiven und aktiven Einzelkomponenten wie in Abbildung 6.13 gezeigt aufgebaut. Um die Monopole mit der richtigen Phasenbeziehung der Streifenleitungen zu speisen, müssen die Leitungen wie bereits bei der passiven Antenne aus Abbildung 6.5 nach den Verstärkern gekreuzt werden, da die Verstärker in differentieller Topologie entworfen sind. Die daraus resultierende Verlängerung der Streifenleitung bedingt Verluste von 0,9 dB bei 210 GHz. Im Vergleich zur Leistungskombination mit einem weiteren DT aus Kapitel 5.2, welcher bei 210 GHz Verluste von 2,1 dB aufweist, hat dieses Konzept deutliche Vorteile. Es sollte aber bevorzugt das Konzept aus Abbildung 6.7 verwendet werden, bei dem die Leitungsüberkreuzung vor den Verstärkern realisiert wird. Somit entfällt die Leitungsüberkreuzung nach den Verstärkern und die simulierten Verluste der Verstärker-Primärstrahler Schnittstelle können auf unter 0,15 dB minimiert werden.

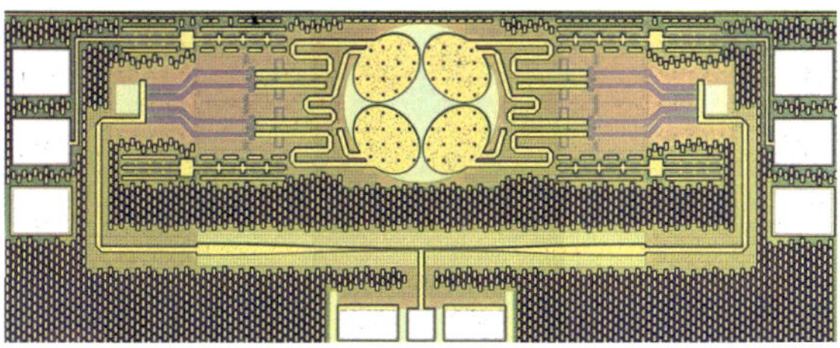

Abbildung 6.13: IC-Foto des 8-fach gespeisten Primärstrahler, des Netzwerkes zur Leistungsaufteilung und den angeschlossenen Verstärkern. Die IC-Größe beträgt dabei 1056 x 485 μm^2. [4] © 2017 IEEE.

Die aktive 8-fach gespeiste ILA wird mit Hilfe einer DC-Umverdrahtungsplatine und einer hemisphärischen Silizium-Linse mit einem Durchmesser von 12 mm und einer Höhe von 8 mm aufgebaut. Es wird im Vergleich zur passiven ILA eine Linse mit größerem Durchmesser verwendet, um eine bessere Wärmeanbindung des ICs zu erreichen. Zunächst wird der IC mit dem Phasenzentrum des aktiven Primärstrahlers im Fokuspunkt der Linse platziert. Anschließend wird auf der vom CPW-Anschluss abgewandten Seite die DC-Umverdrahtungsplatine auf die Linse geklebt. Die DC-Verbindungen des ICs zur Umverdrahtungsplatine werden mit Goldbonddrähten realisiert. Anschließend kann die aktive ILA auf der Probenaufnahme des Antennenmessplatzes positioniert und die DC-Verbindungen mit Steckverbindungen auf der Umverdrahtungsplatine an ein Netzteil angeschlossen werden. Der erste Funktionstest der Verstärker, welche nicht separat vermessen werden können, ist anhand des Reflexionsfaktors wie in Abbildung 6.14a gezeigt, möglich. Im ausgeschalteten Zustand der Verstärker, d. h. es liegt keine Versorgungsspannung an, sind die Verstärkereingänge sehr hochohmig und der größte Teil der eingespeisten Leistung wird reflektiert. Im Fall von angeschalteten Verstärkern, d. h. es liegt die Versorgungsspannung V_{CC} von 4 V an, sind die Verstärker eingangsseitig angepasst, dementsprechend ist der Reflexionsfaktor der aktiven ILA im angeschalteten Zustand besser und man erreicht eine gemessene -10 dB-Bandbreite von 110 GHz.

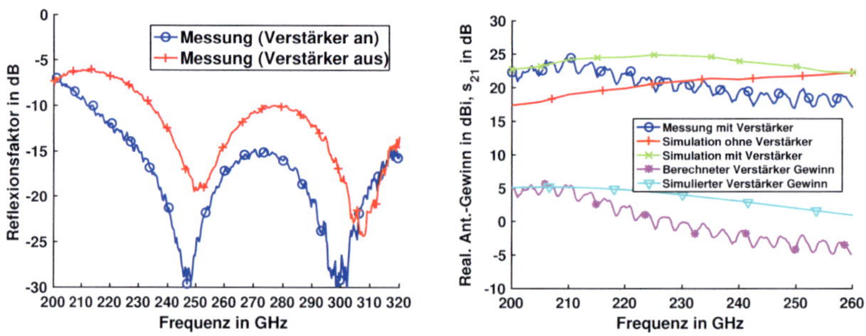

(a) Reflexionsfaktor (b) Gewinn

Abbildung 6.14: Gemessene und simulierte S-Parameter, sowie zurückgerechneter Verstärkergewinn. [4] © 2017 IEEE.

Für den Vergleich des gemessenen realisierten Gewinns nach Abbildung 6.14b wird die ILA-Simulation wie folgt aufgebaut:

- An der Schnittstelle der DT-Ausgänge und der Verstärkereingänge werden Waveguide-Anschlüsse angebracht.
- An der Schnittstelle der Verstärkerausgänge und den Anschlüssen der Monopole werden Waveguide-Anschlüsse angebracht.
- In einer Simulation werden die Waveguide-Anschlüsse der DT-Ausgänge (12,5 Ω) und die Anschlüsse der Monopole (50 Ω) mit idealen Impedanz-Transformatoren direkt zusammen geschaltet. Diese Simulation liefert den realisierten Antennengewinn ohne angeschlossene Verstärker.

- In einer weiteren Simulation werden die simulierten S-Parameter des Verstärkers aus Abbildung 6.12 zwischen den Waveguide-Anschlüssen eingefügt. Diese Simulation entspricht dem gemessenen realisierten Antennengewinn der aktiven ILA. Die Differenz dieser Simulation bzw. des Messwertes zur vorherigen Simulation ohne Verstärker liefert einen berechneten Verstärkergewinn.

Aufgrund der hier beschriebenen Simulationen lässt sich die Funktionalität der Leistungskombination von den parallelisierten Verstärkern innerhalb des mehrfach gespeisten Primärstrahlers nachweisen. Zusätzlich kann man mit den Mess- und Simulationsergebnissen einen gemessenen Gewinn der Verstärker zurückrechnen und es kann eine gute Übereinstimmung zum simulierten Verstärkergewinn aus Abbildung 6.12 gezeigt werden. Somit wurde die breitbandige Leistungskombination von parallelisierten Signalen sowohl für passive, als auch für aktive ILAs demonstriert.

6.3 Zirkular polarisierte Primärstrahler

In diesem Abschnitt wird die Anzahl der anregenden Monopole des Schlitzes auf acht erweitert. Grundlegende Betrachtungen dieses Konzepts sind in [Sch15] zu finden. Analog zu Abbildung 4.1c kann eine ideale zirkulare Abstrahlung erreicht werden, indem benachbarte Monopole jeweils mit einem Phasenunterschied von 45° gespeist werden. Die Leistungsaufteilung wird mit Hilfe von einem Streifenleitungsnetzwerk realisiert. Durch die dielektrischen Eigenschaften des BEOL ($\varepsilon_\mathrm{r} = 4,1$) und des Silizium-Halbleiters ($\varepsilon_\mathrm{r} = 11,9$) ergibt sich ein begünstigender Zusammenhang. Wie bereits in Kapitel 3.1 beschrieben, ist die untere Grenzfrequenz $f_\mathrm{c,min}$ des Schlitzes durch die halbe geführte Wellenlänge des Siliziumsubstrates, entsprechend (3.2), gegeben. Bei der Realisierung einer Streifenleitung im BEOL direkt um den Schlitz, kann mit Hilfe der Berechnung der Ausbreitungskonstanten β der quasi-TEM Streifenleitungs-Mode gezeigt werden, dass ein kompletter Umlauf eine elektrische Länge von ungefähr 360° bei der unteren Grenzfrequenz $f_\mathrm{c,min}$ des Schlitzes aufweist. Zur Verifizierung dieses Sachverhalts wird eine Streifenleitung mit einer charakteristische Impedanz von 40 Ω entworfen, welche den Signalleiter in TM 1 mit einer Leiterbreite w von 8,1 µm und M 2 als Massefläche verwendet. Diese Impedanz liegt ungefähr in der Mitte der praktikabel zu realisierenden Streifenleitungs-Impedanzen innerhalb des BEOL. Anschließend wird mit Hilfe der Streifenleitungs-Modelle des Design-Kits (basierend auf Sonnet-Simulationen) die Ausbreitungskonstante bei 130 GHz zu $\beta_{40\Omega,\text{TM1-M2}} = 5534\,1/\text{m}$ berechnet. Der bei 130 GHz berechnete Schlitzradius nach (3.2) wird um 17 µm erhöht, um die maximal als praktikabel erachtete Breite einer Streifenleitung von 25 µm außerhalb des Schlitzes des Primärstrahlers realisieren zu können. Mit diesem Radius berechnet sich ein Umfang von 1,157 mm und mit Hilfe der berechneten Ausbreitungskonstanten $\beta_{40\Omega,\text{TM1-M2}}$ eine elektrische Länge der um den Schlitz liegenden Streifenleitung von 367°. Mit T-Verzweigungen in Abständen von $\beta \cdot l = \pi/4$ lassen sich somit die benötigten Phasenbelegungen der acht Monopole generieren, wobei l der physikalischen Leitungslänge entspricht. Zwischen diesen Abzweigungen und den Anschlüssen der Monopole können Verstärker platziert werden, welche parallelisiert arbeiten und mit Hilfe des Primärstrahlers zur Leistungskombination geeignet sind. Die Wahl der Streifenleitungs-Topologie des Speisenetzwerks und dessen Frequenzabhängigkeit werden in diesem Kapitel detailliert betrachtet und es wird gezeigt, welche Performanz das gesamte zirkular bzw. elliptisch polarisierte ILA-System aufweist.

6.3.1 Kompakte Leistungsaufteilung

Im Gegensatz zu den extrem breitbandigen Ansätzen zur Leistungsaufteilung aus Abschnitt 6.2 ergibt sich mit den hier vorgestellten Methoden ein sehr kompaktes Netzwerk zur Leistungsaufteilung, welches kaum zusätzliche Halbleiter-Fläche benötigt. Die erste Möglichkeit aus Abbildung 6.15 nutzt in Serie geschaltete T-Verzweigungen mit konstanten charakteristischen Leitungsimpedanzen. Durch das Verhältnis der einzelnen Impedanzen Z_1 und Z_2 kann der Anteil der ausgekoppelten Leistung an jeder Abzweigung variiert werden. Hierbei ist Z_1 niederohmiger als Z_2 zu wählen, damit die Leistungsdifferenz zwischen den Ausgängen ($T_2 - T_9$) gering gehalten werden kann. Für die in Abbildung 6.15 gegebenen Werte $Z_1 = 10\,\Omega$ und $Z_2 = 88\,\Omega$ und ideale, verlustfreie Streifenleitungs-Elemente mit einer elektrischen Länge von $\pi/4$ bei 130 GHz erhält man eine Leistungsaufteilung an den Ausgängen $T_2 - T_9$ wie in Abbildung 6.16a dargestellt.

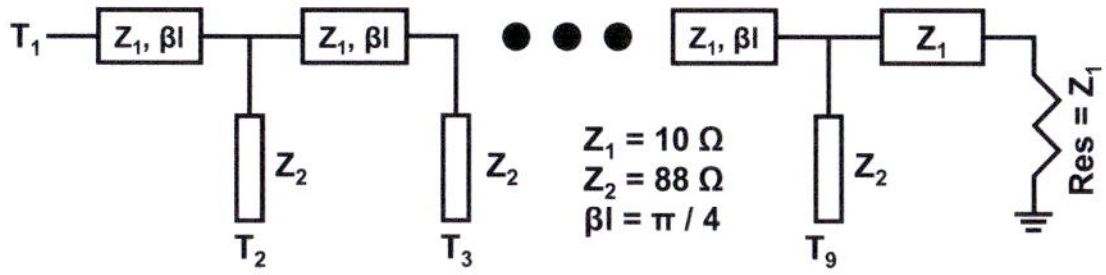

Abbildung 6.15: Netzwerk zur Leistungsaufteilung mit konstanten Impedanzen und Abschlusswiderstand. [23] © 2017 IEEE.

Mit der Gesamtdifferenz vom ersten zum letzten Ausgang von 3,77 dB ergibt sich eine gemittelte Leistungsdifferenz von aufeinander folgenden Ausgängen von 0,54 dB. Die Phasendifferenz von aufeinander folgenden Ausgängen ist in Abbildung 6.16b zu sehen, wobei die Differenz zwischen den Ausgängen T_7 und T_8 die größte Abweichung von 5° zum Idealwert von 45° bei 130 GHz aufweist.

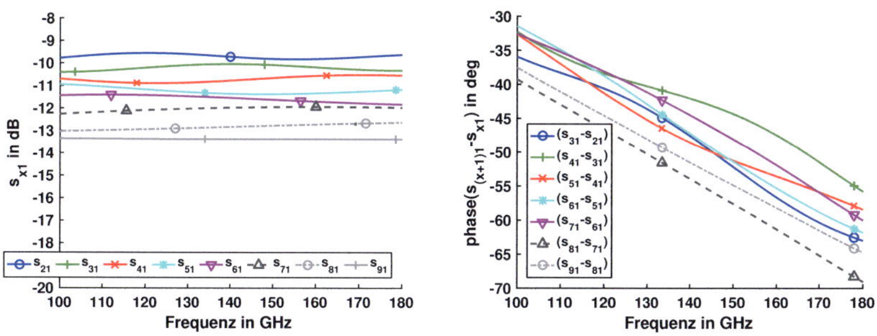

(a) Leistungsaufteilung

(b) Phasendifferenzen

Abbildung 6.16: Mit ADS simulierte Charakteristik des Speiserings mit Abschlusswiderstand.

Die verbleibende, nicht ausgekoppelte Leistung wird durch den reellen Abschlusswiderstand $Res = Z_1$ aufgenommen und verhindert die Ausbildung einer stehenden Welle auf dem Speisering. Des Weiteren werden etwaige Impedanz-Fehlanpassungen an den Eingängen der Verstärker durch die Verwendung eines Abschlusswiderstandes *Res* besser kompensiert. Der Abschlusswiderstand kann außerdem wie bei einem Wanderwellenverstärker [ASB+98] verwendet werden, um für die an den Ausgängen des Speiserings T_N angeschlossenen Verstärker eine DC-Versorgung für die erste Transistorstufe bereit zu stellen [ZDW+12], da die Leistung bei dieser Topologie im DC-Fall homogen auf alle Ausgänge des Speiserings aufgeteilt wird. Wenn diese Eigenschaften des Abschlusswiderstandes *Res* nicht benötigt werden, kann auch eine homogene Lösung zur Leistungsaufteilung mit Hilfe von Abbildung 6.17 gefunden werden.

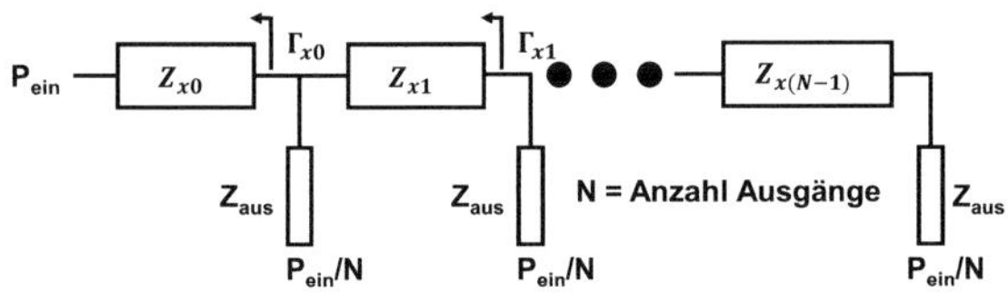

Abbildung 6.17: Berechnung der homogenen Leistungsaufteilung.

Dabei soll bei einer konstanten Ausgangsimpedanz Z_{aus} die eingespeiste Leistung P_{ein} auf alle Ausgänge homogen aufgeteilt werden. Bei N Ausgängen soll demnach an jedem Ausgang die Leistung P_{ein}/N abfallen. Da die Leistungsaufteilung einer T-Verzweigung umgekehrt proportional zum Verhältnis der Widerstände ist muss die Bedingung $Z_{x0} = Z_{\text{aus}}/N$ erfüllt sein. Zusätzlich sollen alle Reflexionsfaktoren $\Gamma_{xi} = 0$ sein, dementsprechend ist auch der Widerstand $Z_{\text{x}1}$ eindeutig zu berechnen. Für die nachfolgenden T-Verzweigungen ist das gleiche Prinzip zur Leistungsaufteilung gültig, sodass die Widerstände $Z_{\text{x}i}$ allgemein nach (6.1) zu berechnen sind.

$$Z_{\text{x}i} = Z_{\text{aus}} \cdot \frac{1}{N-i} \quad \text{für} \quad \Gamma_{\text{x}i} = 0 \quad \text{und} \quad i = [0, N-1] \tag{6.1}$$

Auf das Konzept des Speiserings des Primärstrahlers übertragen, ergibt sich das Blockschaltbild nach Abbildung 6.18. Bei $N = 8$ Ausgängen fällt unter idealen Betrachtungen die eingespeiste Leistung an T_1 an jedem Ausgang um -9 dB ab, was einem idealen 1:8 Teiler in Streifenleitungs-Topologie entspricht. Bei einer gewünschten Ausgangsimpedanz von $Z_{\text{aus}} = 80\,\Omega$ ist an T_1 eine Impedanz von $Z_{\text{aus}}/8 = 10\,\Omega$ zu realisieren. Beide Impedanzen sind im BEOL praktikabel realisierbar, allerdings sollte darauf geachtet werden, die Signalleiter- zu Masseabstände entsprechend Abbildung 6.1 so groß als möglich zu wählen, um die Leistungsdifferenzen zwischen den Ausgängen T_{N} zu minimieren. Um die Breite einer Streifenleitung mit maximal 25 µm praktikabel zu halten, bedingt die Realisierung einer niederohmigen Leitung einen geringen Signalleiter-Masseabstand von teilweise unter 1 µm. Verwendet man die Metalllagen TM 2 oder TM 1 als Signalleiter, besteht der Speisering ohne Abschlusswiderstand bei einer möglichst verlustarmen Realisierung aus acht unterschiedlichen Streifenleitungen mit verschiedenen Breiten und verschiedenen Signalleiter- zu Masseabständen. Zusätzlich sind die Leitungen gekrümmt und die Auskopplung zu den Ausgängen des Speiserings in der Metalllage TM 2 muss mit Durchkontaktierungen realisiert werden.

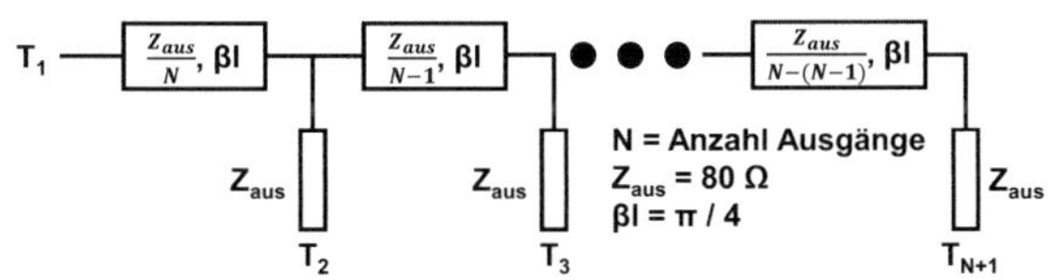

Abbildung 6.18: Homogene Leistungsaufteilung durch Variation der Streifenleitungs-Impedanzen Z_{xi} in Abhängigkeit der Anzahl an Ausgängen N.

Zunächst wird dieses Konzept des Speiserings mit realen verlustbehafteten Modellen von Streifenleitungen aus dem Design-Kit des Halbleiterprozesses SG13S in ADS aufgebaut. Dabei werden allerdings noch nicht die gekrümmten Streifenleitungen und die Durchkontaktierungen berücksichtigt, weshalb eine 3D-Feldsimulation mit CST zur vollständigen Verifikation des komplexen Speisering-Konzepts herangezogen wird. Das Layout des simulierten Speiserings für einen Schlitz mit der unteren Grenzfrequenz von $f_{c,min} = 130\,\text{GHz}$ ist in Abbildung 6.19 dargestellt. Der Schlitzdurchmesser beträgt dabei 333 µm, wobei der Durchmesser des Speiserings 367 µm aufweist und somit komplett außerhalb des Schlitzes realisiert werden kann und die Performanz des Primärstrahlers nicht beeinflusst. Die 3D-Feldsimulationsergebnisse decken sich dabei mit den Ergebnissen aus den ADS-Schaltungssimulationen und weisen lediglich geringfügig höhere Verluste (Differenz $\leq$ 0,07 dB pro Ausgang) auf, weshalb in Abbildung 6.20 lediglich die Ergebnisse der 3D-Feldsimulation gezeigt sind. Die Leistungsdifferenz vom ersten zum letzten Ausgang beträgt dabei 2,0 dB, was einem gemittelten Leistungsabfall von aufeinander folgenden Ausgängen von 0,29 dB entspricht. Es ist zusätzlich zu erkennen, dass die Leistungsdifferenz zwischen den Ausgängen T_2 und T_3 größer ist als zwischen den letzten beiden

Ausgängen T_8 und T_9. Dies ist auf den geringeren Signalleiter- zu Masseabstand der niederohmigen Streifenleitungen zurückzuführen, was höhere Verluste mit sich bringt.

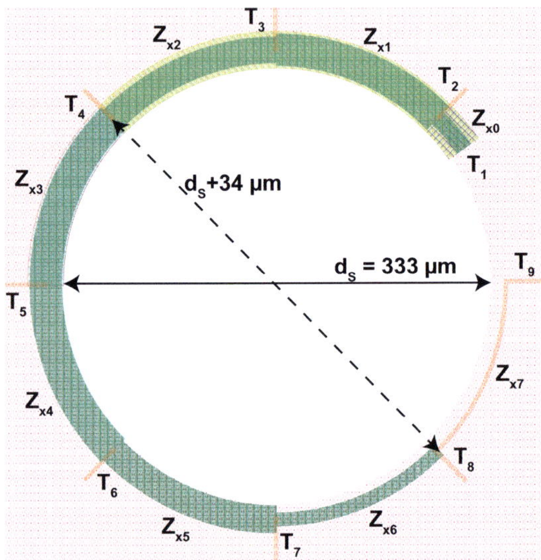

Abbildung 6.19: Realisierung des Speisering zur homogenen Leistungsaufteilung ohne Abschlusswiederstand im BEOL. Die Metalllagen sind entsprechend Abbildung A.1 gekennzeichnet.

Es ist zu erwähnen, dass die durch Leitungsverluste bedingten Leistungsdifferenzen durch Variation der Impedanzen Z_{xi} ausgeglichen werden könnten, allerdings kann in diesem Fall das Kriterium der reflexionsfreien Anpassung $\Gamma_{xi} = 0$ nicht mehr gewährleistet werden. Dazu müssten zusätzlich die Ausgangsimpedanzen Z_{aus} variiert werden. Durch geeignete $\lambda/4$ Anpassleitungen könnte anschließend wieder auf eine konstante Impedanz Z_{aus} transformiert werden, sodass jedem anzuschließenden Verstärker die gleiche Impedanz am Eingang bereitgestellt wird. Betrachtet man die Phasendifferenzen benachbarter Ausgänge in Abbildung 6.20b ist eine Variation von -1,9° bis +2,8° zum Idealwert von 45° bei 130 GHz zu erkennen. Dies lässt sich durch die ansteigende charakteristische Impedanz entlang des Speiserings erklären.

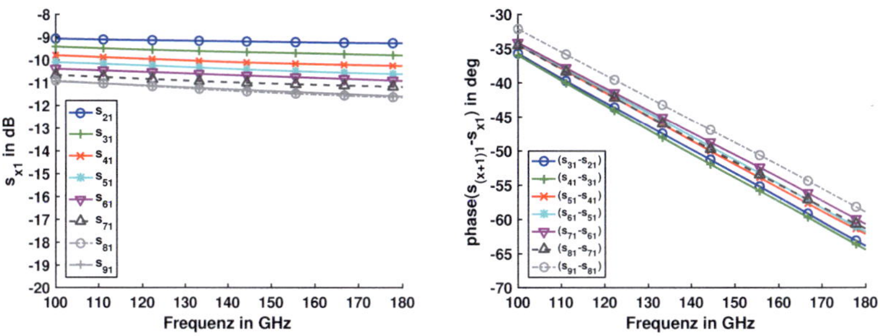

(a) Leistungsaufteilung (b) Phasendifferenzen

Abbildung 6.20: 3D-feldsimulierte Charakteristik des Speiserings zur homogenen Leistungsaufteilung.

Da die Feldverteilung einer Streifenleitung nur als quasi-TEM Mode betrachtet werden kann, ändert sich durch die geometrische Veränderung die Ausbreitungskonstante β und damit auch die elektrische Länge von zwei physikalisch gleich langen Streifenleitungs-Abschnitten. Mit ansteigender charakteristischer Impedanz sinkt dementsprechend die Ausbreitungskonstante β. Die maximalen Phasenabweichungen sind allerdings so gering, dass hier keine zusätzlichen Vorkehrungen zur Minimierung dieser Abweichungen getroffen werden müssen, zumal sich die Phasenvariationen über die benachbarten Ausgänge des Speiserings heraus mitteln. Durch das Aufsummieren der einzelnen Leistungen an den Ausgängen $T_2 - T_9$ erhält man die Verluste des 1:8 Teilers, die bei einem Vergleich mit den Topologien aus Tabelle 5.2 mit 1,27 dB bei 130 GHz sehr gering ausfallen.

6.3.2 Beschreibung mittels Kreuzdipol-Antennen

Mit der Verwendung von $\lambda/8$ Leitungselementen zwischen den einzelnen Ausgängen des Speiserings bei der unteren Grenzfrequenz $f_{c,\min}$ des Schlitzes ergibt sich ein frequenzabhängiger Phasenfehler in Bezug auf die Phasen der Speisesignale der einzelnen Monopole. Die Auswirkungen auf die Performanz der ILA dieser nicht-idealen Speisebedingungen sind zu untersuchen.

Zum einen muss die abgestrahlte Leistung betrachtet werden, zum anderen das Achsenverhältnis der zirkularen bzw. elliptischen abgestrahlten elektromagnetischen Welle. Diese Berechnung wird nicht direkt anhand von 3D-Feldsimulationen einer ILA beschrieben, sondern durch eine Ersatzantenne betrachtet. Der Primärstrahler wird zunächst mit Hilfe von Kreuzdipol-Antennen und der Antennen-Toolbox aus MATLAB, wie in Anhang B gezeigt, abgebildet. Es ist somit möglich, präzise Angaben zur Bandbreite und Effizienz des gesamten leistungskombinierenden Antennensystems vor den zeitaufwändigen 3D-Feldsimulationen einer ILA zu treffen. Die Schlitzantenne mit acht Monopolen aus Abbildung 6.21a wird bei idealer Speisung so angeregt, dass gegenüberliegende Monopol-Elemente einen Phasenversatz von 180° aufweisen, dementsprechend können alle gegenüberliegenden Monopole als je eine Dipolantenne betrachtet werden.

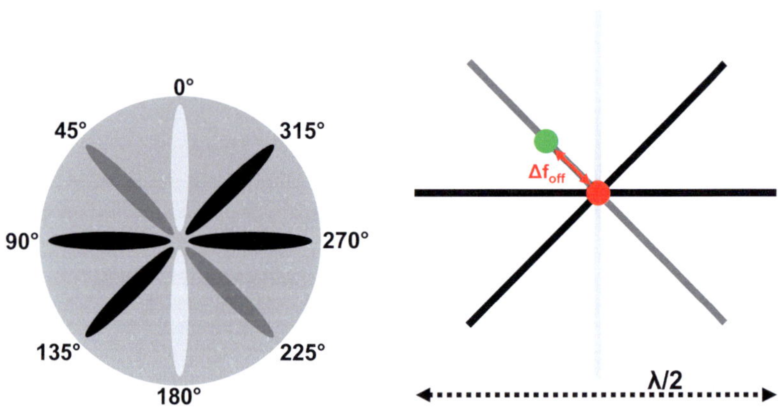

(a) Schlitzantenne (b) Kreuzdipol-Antenne

Abbildung 6.21: Approximation der Schlitzantenne mit 8 Monopolen durch 4 gekreuzte Dipol-Antennen.

Dies beschreibt die anregenden Monopole als Dipole, wobei für den Primärstrahler das Prinzip einer Schlitzantenne vorliegt. Allerdings kann eine Schlitzantenne durch Anwendung des Babinet'schen Prinzips ebenfalls als Dipol abgebildet werden [Sti77]. Die anregenden Monopole beschreiben demnach vier um je 45° gedrehte Dipole und der Primärstrahler lässt sich wie Abbildung 6.21b gezeigt, abbilden. Damit besitzt die Kreuzdipol-Ersatzantenne nur noch vier Speisepunkte. Die Phasen- und Amplitudenfehler, bedingt durch den Speisering, lassen sich dabei wie folgt abbilden:

- Die Phase des Speisesignals jedes Dipols steigt mit der Frequenz, bspw. entsprechend Abbildung 6.16b oder Abbildung 6.20b.
- Auf den Primärstrahler übertragen bedeutet dies zusätzlich, dass gegenüberliegende Monopole über der Frequenz keinen Phasenunterschied von 180° mehr aufweisen. Dies lässt sich durch eine entsprechende Verschiebung Δf_{off} des Speisepunktes der einzelnen Dipole, entsprechend Abbildung 6.21b, abbilden und führt zu einem weiteren Einfluss auf die Richtcharakteristik und den Antennengewinn der Gesamtantenne.
- Die inhomogene Leistungsaufteilung durch den Speisering kann ebenfalls abgebildet werden, indem die Amplituden der Dipol-Speisesignale bspw. entsprechend den Werten aus Abbildung 6.16a oder Abbildung 6.20a des verwendeten Speiserings eingesetzt werden. Allerdings sollte dieses Verhalten für den Ansatz einer effizienten Leistungskombination verhindert werden, indem alle Verstärker vor den acht Monopolen in Sättigung betrieben werden.

Um die Phasen- und Amplitudenfehler des Speiserings korrekt über der Frequenz abzubilden, ist es erforderlich, dass die Kreuzdipol-Ersatzantenne frequenzabhängig geometrisch ideal an die Betriebsfrequenz angepasst wird. Dazu wird die Kreuzdipol-Ersatzantenne zunächst für jeden Frequenzpunkt mit idealer Amplitude und Phase gespeist und anschließend mit den frequenzabhängigen Phasen- und Amplitudenwerten des Speiserings. Von beiden Varianten der Speisung wird die abgestrahlte Leistung, wie in Anhang B gezeigt, berechnet. Durch die Differenzbildung beider Werte können die Verluste bedingt durch die nicht-ideale Speisung berechnet werden. Die untere Grenzfrequenz des Schlitzes kann durch die Kreuzdipol-Ersatzantenne nur approximiert werden. Dabei wird die Länge des Kreuzdipols unterhalb der Grenzfrequenz $f_{\text{c,min}}$ des Schlitzes nicht mehr geometrisch proportional zur Frequenz skaliert. Die einzelnen Dipole bleiben demnach konstant bei einer Länge von $\lambda_{\text{c,min}}/2$. Anschließend wird die abgestrahlte Leistung unterhalb $f_{\text{c,min}}$ auf den abgestrahlten Leistungswert bei $f_{\text{c,min}}$ bezogen und man erhält eine akzeptable Näherung der Verluste unterhalb der Grenzfrequenz wie in Anhang B näher betrachtet wurde. Zudem wird in Anhang B erläutert, wie mit Hilfe der Antennen-Toolbox von MATLAB eine Kreuzdipol-Antenne abgebildet werden kann. Die Ergebnisse werden mit 3D-Feldsimulationen einer ILA verglichen und zeigen eine exzellente Übereinstimmung. Abschließend ist zu beachten, dass nicht alle Eigenschaften des Primärstrahlers durch eine Kreuzdipol-Ersatzantenne abgebildet werden können, sondern lediglich die Verluste, welche durch die Amplituden- und Phasenfehler des Speiserings auftreten. Mit Hilfe der Kreuzdipol-Ersatzantenne können keine Aussagen zur Eingangsimpedanz bzw. Eingangsanpassung des Primärstrahlers getroffen werden. Ebenfalls ist die Bestimmung der -10 dB-Bandbreite des Reflexionsfaktors nicht möglich. Das Phasenzentrum und die damit verbundene Richtungsänderung der Hauptkeule einer ILA lässt sich ebenfalls nicht vorhersagen. Gleichzeitig dient die Simulation auf Basis der Kreuzdipol-Ersatzantenne als maximal erreichbare Performanz für eine ILA mit diesem Speiseprinzip, d. h. die Geometrie des Primärstrahlers sollte so angepasst werden, dass die mit Hilfe der Kreuzdipol-Ersatzantenne berechneten Verluste nicht überstiegen werden.

6.3.3 Bandbreite und Effizienz

Die Berechnungen für den Speisering mit Abschlusswiderstand aus Abbildung 6.15 und mit homogener Leistungsaufteilung aus Abbildung 6.18 und die damit verbundenen Auswirkungen der Amplitudenfehler (AF) und Phasenfehler (PF) auf die Effizienz des Primärstrahlers ermöglichen abschließend die Bestimmung einer 0,5 dB-Bandbreite der Antenneneffizienz des gesamten leistungskombinierenden Antennensystems. Dabei werden verschiedene Varianten betrachtet:

- Es wird nur die Sendeantenne betrachtet, dabei werden sowohl Amplituden- als auch Phasenfehler des Speiserings berücksichtigt.
- Es wird nur die Sendeantenne betrachtet, dabei werden lediglich Phasenfehler des Speiserings berücksichtigt, da durch vorgeschaltete Verstärker am Eingang des Speiserings (T_1) sichergestellt werden sollte, dass alle parallelisierten Verstärker in Sättigung arbeiten.

- Für beide Varianten werden die Polarisationsverluste, bedingt durch das frequenzabhängige Achsenverhältnis, unter der Annahme einer ideal zirkular polarisierten Empfangsantenne eingerechnet.

Die Polarisationsverluste $\Gamma_{\mathrm{PV,max/min}}(f)$ lassen sich für eine Sende- und Empfangsantenne mit beliebigen Exzentrizitäten nach (6.2) [Mil05] berechnen. Dabei ist für r_{S} und r_{E} jeweils das Achsenverhältnis der Sende- und Empfangsantenne in linearen Werten einzusetzen. Für die Berechnungen mit einer ideal zirkular polarisierten Empfangsantenne und der in diesem Kapitel vorgestellten Sendeantenne ergibt sich ein frequenzunabhängiges $r_{\mathrm{E}} = 1$, wobei sich für die Sendeantenne ein frequenzabhängiges $r_{\mathrm{S}}(f)$, bedingt durch den Speisering, ergibt. Daraus resultieren die frequenzabhängigen Verluste $\Gamma_{\mathrm{PV,max/min}}(f)$, welche für die Effizienzbetrachtungen des gesamten Antennensystems verwendet werden.

$$\begin{aligned}\Gamma_{\mathrm{PV,max/min}}(f) &= 10\cdot\log_{10}\left[\frac{(1\pm|\rho_{\mathrm{S}}(f)|\,|\rho_{\mathrm{E}}|)^2}{(1+|\rho_{\mathrm{S}}(f)|^2)(1+|\rho_{\mathrm{E}}|^2)}\right]\\ \rho_{\mathrm{S}}(f) &= \frac{1-r_{\mathrm{S}}(f)}{-r_{\mathrm{S}}(f)-1}\\ \rho_{\mathrm{E}} &= \frac{1-r_{\mathrm{E}}}{-r_{\mathrm{E}}-1}\end{aligned} \tag{6.2}$$

Für die folgenden Berechnungen wird der typische Phasenverlauf einer im BEOL realisierten Streifenleitung mit der charakteristischen Impedanz $Z = 40\,\Omega$ verwendet, welche bei der gewählten unteren Grenzfrequenz $f_{\mathrm{c,min}} = 130\,\mathrm{GHz}$ eine elektrische Länge von 45° aufweist. Für die Amplitudenfehler werden Leistungsdifferenzen von aufeinander folgenden Ausgängen von je 1 dB und 0,2 dB angenommen, was in etwa den mit realen Leitungsmodellen realisierten Speisering-Topologien mit und ohne Abschlusswiderstand aus Abbildung 6.15 und Abbildung 6.18 entspricht. In Abbildung 6.22a ist zu erkennen, dass sowohl Amplituden- und Phasenfehler eine direkte Auswirkung auf das Achsenverhältnis der elliptischen Polarisation aufweisen, da selbst bei idealer Phasenbeziehung und 1 dB Leistungsdifferenz benachbarter Ausgänge des Speiserings das Achsenverhältnis bei 1,4 dB liegt. Dies ist in Abbildung 6.22a bei 130 GHz zu sehen. Die Auswirkungen auf die abgestrahlte Leistung sind in Abbildung 6.22b gezeigt, wobei zu erkennen ist, dass die Polarisationsverluste deutlich geringere Auswirkungen auf die Verluste haben, als die nicht-idealen Speisebedingungen der einzelnen Dipole.

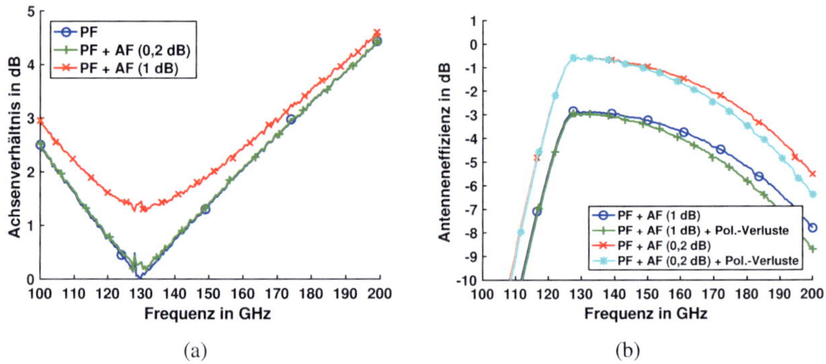

Abbildung 6.22: Achsenverhältnis und Antenneneffizienz unter Berücksichtigung von Amplituden-, Phasenfehlern und Polarisationsverlusten.

Trifft man die Annahme, dass bei dem Konzept mit 1 dB Leistungsdifferenzen nur der Verstärker am ersten Ausgang des Speiserings in Sättigung arbeitet, bedingt dies Verluste von 3 dB bei der unteren Grenzfrequenz von 130 GHz. Für das Konzept mit 0,2 dB Leistungsdifferenzen ergeben sich Verluste von 0,6 dB. Deshalb sollte stets darauf geachtet werden, dass durch geeignete Vorverstärker am Eingang des Speiserings alle Verstärker in Sättigung arbeiten, um Amplitudendifferenzen an den Verstärkerausgängen zu vermeiden. Dabei ist beim Verstärkerdesign darauf zu achten, dass der erste Verstärker um die Leistungsdifferenz vom ersten zum letzten Ausgang des Speiserings übersteuert wird. Dadurch wird jeder Verstärker in einem anderen nichtlinearen Bereich der typischen Kompressionskurve eines Verstärkers betrieben. Dies kann bei komplexeren Modulationsverfahren (bspw. 64-QAM), bei denen im Konstellationsdiagramm auch die Amplitude entscheidenden ist, negative Auswirkungen auf die Symbolentscheidung haben.

Da innerhalb dieser Arbeit lediglich niederwertigere Modulationsverfahren wie bspw. QPSK verwendet werden sollen, werden die Auswirkungen dieser nichtlinearen Effekte nicht genauer untersucht. Generell sollte für ein System mit maximaler Performanz nach Möglichkeit das Konzept aus Abbildung 6.19 mit minimalen Leistungsdifferenzen der Speisering-Ausgänge bevorzugt werden.
Die maximal mögliche Antenneneffizienz für diesen leistungskombinierenden Primärstrahler kann demnach erreicht werden, wenn alle parallelisierten Verstärker in Sättigung arbeiten. In diesem Fall sind nur Phasenfehler und Polarisationsverluste zu betrachten. Die Ergebnisse sind in Abbildung 6.23a gezeigt und es konnte unter Berücksichtigung des Phasenfehlers und der Polarisationsverluste eine 3 dB-Bandbreite der Antenneneffizienz von 51,5 GHz für eine Schlitzantenne mit einer unteren Grenzfrequenz von 130 GHz berechnet werden. Betrachtet man den schaltungstechnischen Aufwand und den Platzbedarf auf dem IC, um durch eine Parallelisierung von Verstärkern eine Verdopplung der Ausgangsleistung zu erreichen, wird die Berechnung einer 0,5 dB-Bandbreite der Antenneneffizienz bevorzugt. Für die hier vorgestellte Kreuzdipol-Ersatzantenne beträgt die 0,5 dB-Bandbreite 21,5 GHz.

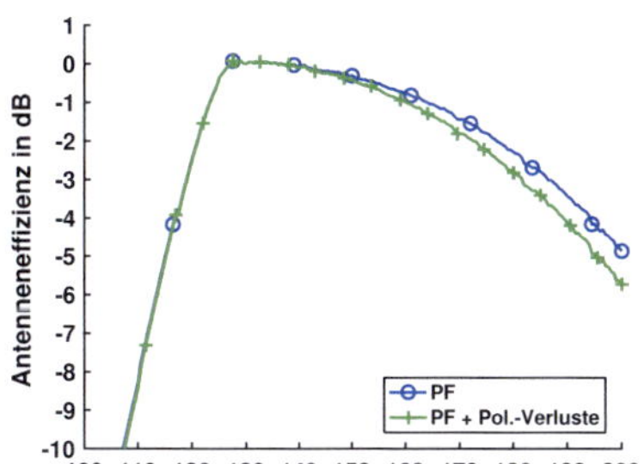

(a) Antenneneffizienz unter Berücksichtigung von Phasenfehlern und Polarisationsverlusten.

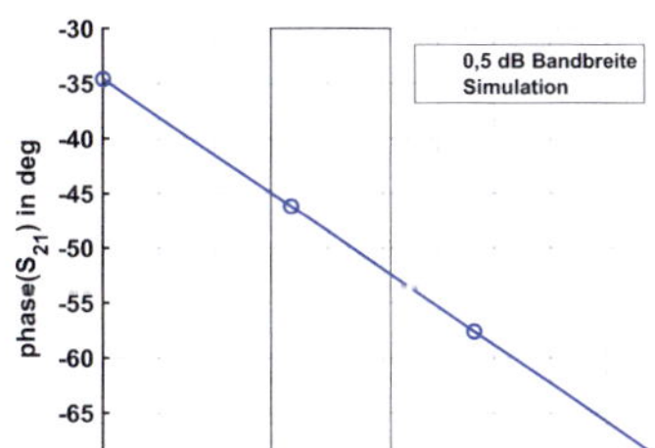

(b) Phasenverlauf einer im BEOL realisierten 40 Ω Streifenleitung.

Abbildung 6.23: Bestimmung der 0,5 dB-Bandbreite der Antenneneffizienz.

Bei der oberen Grenzfrequenz von 151,5 GHz tritt für eine 40 Ω Streifenleitung nach Abbildung 6.23b ein Phasenfehler von 7,44° pro Monopol bezogen auf den idealen Phasendifferenz-Wert von 45° auf. Mit Hilfe der Ausbreitungskonstanten β und dem maximal erlaubten Phasenfehler von 7,44° kann die obere Grenzfrequenz der leistungskombinierenden Antenne $f_{\mathrm{c,max(-0,5dB)}}$ nach (6.3) definiert werden. Diese Bandbreite kann demnach auch als relative Bandbreite von 16,5 % aufgefasst werden, da der Phasenverlauf einer quasi-TEM Streifenleitung nicht direkt proportional zur Frequenz verläuft, der Primärstrahler für die 0,5 dB-Bandbreite aber einen Phasenfehler von bis zu 7,44° toleriert. Wenn die Bandbreite der Antenne ausreichend für das zu verwendende SoC ist, bietet sich die kompakte Bauweise dieses leistungskombinierenden Konzepts hervorragend zur Implementierung auf einem Halbleiterprozess an.

$$f_{\mathrm{c,max(-0,5dB)}} = \frac{45^\circ + 7,44^\circ}{45^\circ} \cdot f_{\mathrm{c,min}} \tag{6.3}$$

Zu beachten ist, dass die hier berechnete Bandbreite lediglich den Bereich oberhalb der unteren Grenzfrequenz $f_{\mathrm{c,min}}$ beinhaltet, da hier eine effiziente Abstrahlung des Primärstrahlers gewährleistet ist. Bei der Betrachtung der 3D-Feldsimulation einer ILA in Anhang B ist allerdings ersichtlich, dass die ILA u. U. auch unterhalb der unteren Grenzfrequenz noch zur effizienten Abstrahlung geeignet ist. Dies ist aber zusätzlich von der Eingangsimpedanz und Geometrie der Monopole abhängig und demnach im Einzelfall zu prüfen. Mit diesem Konzept der Leistungskombination von acht parallelisierten Verstärkern innerhalb des Primärstrahlers ergibt sich für die untere Grenzfrequenz $f_{\mathrm{c,min}}$ eine um 9 dB erhöhte Ausgangsleistung, da praktisch keine Verluste die Kombinationseffizienz beeinflussen.

6.3.4 Integrierte Linsenantenne mit 8 Monopolen

Die Möglichkeit, mit Hilfe eines zirkular polarisierten Primärstrahlers die Leistung von parallelisierten Verstärkern zu kombinieren, wird mittels einer passiven und aktiven ILA demonstriert. Der Fokus liegt dabei auf dem Nachweis, dass der Primärstrahler effizient und in Bezug auf eine differentiell gespeiste Schlitzantenne aus Abbildung 3.2 ohne zusätzliche Verluste als leistungskombinierendes Bauteil für parallelisierte Verstärker verwendet werden kann. Für die Auswahl des Speisering-Konzepts und somit der

Leistungsaufteilung wird die am einfachsten zu realisierende Topologie nach Abbildung 6.15 verwendet, da hier nur zwei verschiedene Streifenleitungs-Impedanzen benötigt werden. Zusätzlich werden die Ausgangsimpedanzen des Speiserings und die Eingangsimpedanzen der Monopole beide zu $Z_2 = 88\,\Omega$ gewählt, um durch direkte Verbindungsleitungen eine passive ILA nach Abbildung 6.24 zu realisieren.

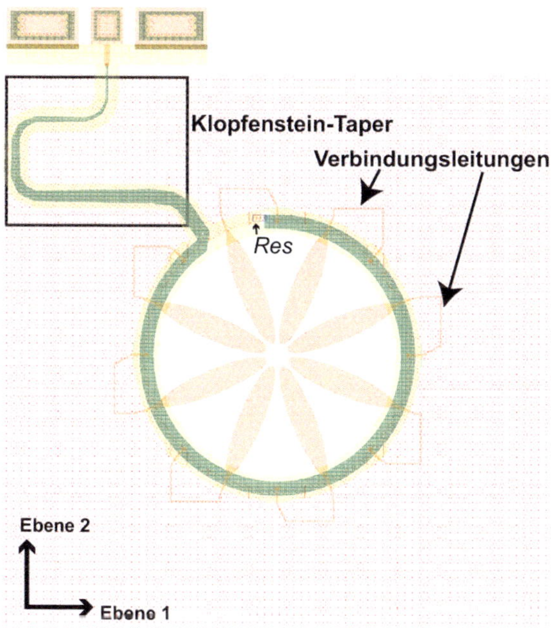

Abbildung 6.24: Passive zirkular polarisierte Antenne und Speisenetzwerk mit konstanten Impedanzen und Abschlusswiderstand. Die Metalllagen sind entsprechend Abbildung A.1 gekennzeichnet. [23] © 2017 IEEE.

Im Falle einer Übereinstimmung der simulierten und gemessenen realisierten Antennengewinne kann die Effizienz des Primärstrahlers und damit die hohe Kombinationseffizienz der parallelisierten Zweige sicher gestellt werden. Zusätzlich kann durch einen Vergleich der gemessenen realisierten Antennengewinne einer aktiven und passiven ILA der Verstärkergewinn direkt zurückgerechnet werden und im Idealfall gezeigt werden, dass der

Speisering und der Primärstrahler zu keinen zusätzlichen Verlusten der parallelisierten Verstärker beitragen. Der niederohmige Eingang des Speiserings von $Z_1 = 15\,\Omega$ wird mittels eines $\lambda/2$ Tapers auf die Bezugsimpedanz des Messsystems von $50\,\Omega$ transformiert. Wie bereits vorher angemerkt, muss dieser Taper für einen Primärstrahler mit maximaler Kombinationseffizienz durch Vorverstärker ersetzt werden, welche sicherstellen, dass jeder einzelne parallelisierte Verstärker in Sättigung betrieben wird. Zusätzlich sollte beachtet werden, dass für eine Primärstrahler-Variante mit maximaler Ausgangsleistung die Eingangsimpedanz der Monopole an eine optimale leistungsangepasste Ausgangsimpedanz der vorgeschalteten PAs angepasst wird. Zum besseren Vergleich der aktiven und passiven Primärstrahler wird hierauf verzichtet, da mit dem hier vorgestellten Vergleichskonzept die Verbindungsleitungen der Speisering-Ausgänge und Monopol-Eingänge direkt durch die Verstärker-Schaltungen ersetzt werden können. Der Speisering für diesen Primärstrahler wurde in Abbildung 6.16 lediglich anhand einer ADS Schaltungssimulation untersucht, zur Charakterisierung der aktiven und passiven Primärstrahler in diesem Abschnitt werden zusätzlich 3D-Feldsimulationen betrachtet. Die Ergebnisse sind in Abbildung 6.25 dargestellt und weisen die beste Phasenlage benachbarter Monopole im Frequenzbereich um 135 GHz auf.

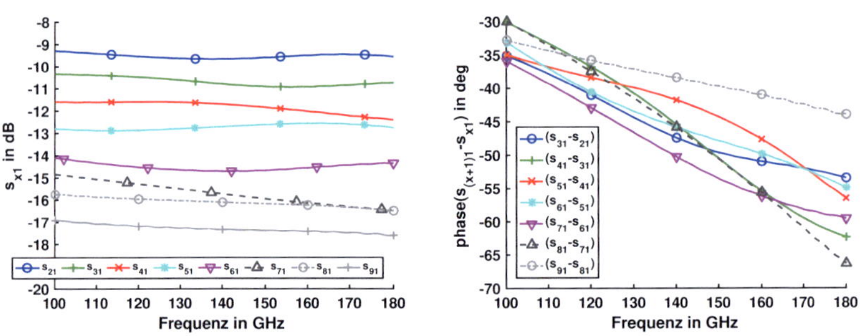

(a) Leistungsaufteilung (b) Phasendifferenzen

Abbildung 6.25: 3D-Feldsimulation des Speiserings mit Abschlusswiderstand.

Verglichen mit den Simulationsergebnissen aus Abbildung 6.16 mit idealen Streifenleitungs-Elementen ist zu erkennen, dass die Amplitudendifferenzen benachbarter Speisering-Ausgänge durch die verlustbehafteten Streifenleitungen weiter anstiegen. Vom ersten zum letzten Ausgang ergibt sich eine Leistungsdifferenz von 7,7 dB. Dies entspricht einer gemittelten Leistungsdifferenz aufeinander folgender Ausgänge von 1,1 dB. Nach der Untersuchung des Speiserings wird die gesamte passive ILA simulativ und messtechnisch charakterisiert. Der Mittelpunkt des kreisrunden Schlitzes, welcher durch die inhomogene Phasen- und Amplitudenaufteilung über der Frequenz nicht dem Phasenzentrum des Primärstrahlers entspricht, wird im Fokuspunkt einer hemisphärischen Silizium-Linse mit einem Durchmesser von 12 mm und einer Höhe von 8 mm geklebt. Zunächst wird auch für diese passive Antenne nach dem Vorgehen aus Abschnitt 4.3 die Exzentrizität bei verschiedenen Frequenzen, wie in Abbildung 6.26a gezeigt, aufgezeichnet und damit das Achsenverhältnis wie in Abbildung 6.26b über der Frequenz bestimmt.

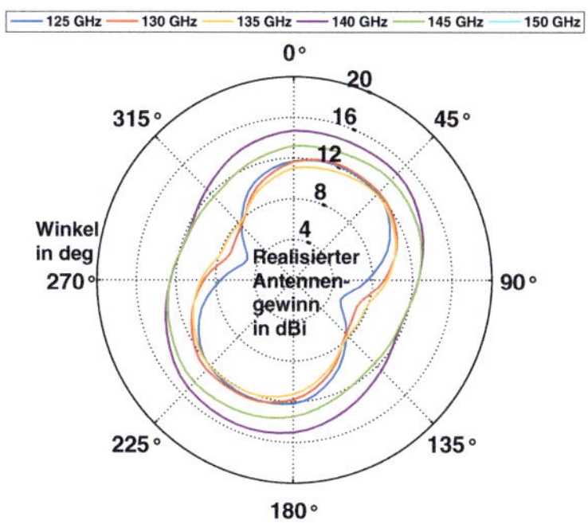

(a) Gemessene Exzentrizität der passiven Antennen.

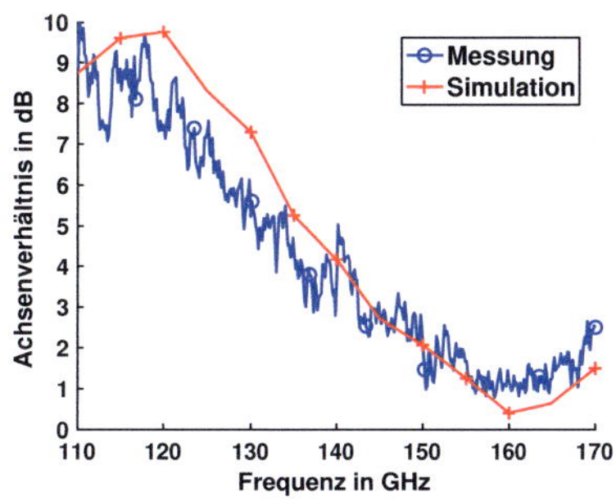

(b) Achsenverhältnis über der Frequenz.

Abbildung 6.26: Simuliertes und gemessenes Achsenverhältnis der passiven 8-fach gespeisten zirkular polarisierten ILA. [23] © 2017 IEEE.

Da die Ausgänge des Speiserings aufgrund der T-Verzweigungs-Topologie nicht entkoppelt sind, können Reflexionen durch Fehlanpassungen der Monopole oder durch Kopplungen der Monopole selbst zu einer Beeinflussung der Charakteristik des Speiserings führen. Dies ist daran zu erkennen, dass das beste gemessene Achsenverhältnis bei 160 GHz auftritt, obwohl die beste Phasenlage des Speiserings um 135 GHz liegt. Diese Effekte lassen sich jedoch durch die 3D-Feldsimulation der passiven ILA vollständig abbilden, weshalb das simulierte Achsenverhältnis eine exzellente Übereinstimmung aufweist. Nach der Bestimmung des Achsenverhältnisses können die Richtcharakteristiken und die realisierten Antennengewinne über der Frequenz in senkrecht zum IC gerichteter Abstrahlrichtung gemessen werden. Für beide Polarisationsebenen wird nach (4.1) der realisierte Antennengewinn der passiven ILA aus den Messwerten berechnet. Die Richtcharakteristiken beider Ebenen sind in Abbildung 6.27 dargestellt und zeigen eine gute Übereinstimmung zur Simulation auf.

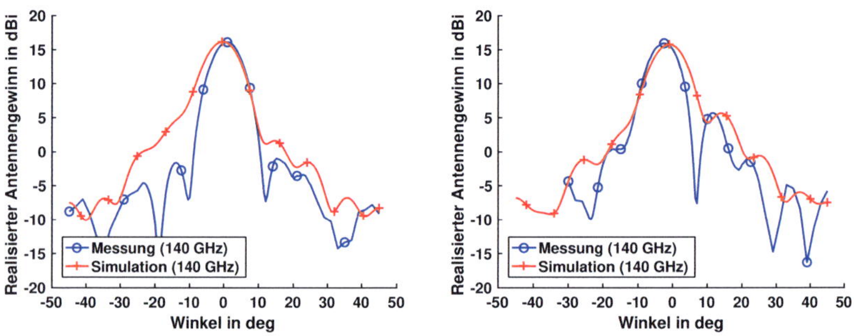

(a) Ebene 1

(b) Ebene 2

Abbildung 6.27: Simulierte und gemessene Richtcharakteristiken für beide Schnittebenen der passiven 8-fach gespeisten zirkular polarisierten ILA. [23] © 2017 IEEE.

Durch die Größe des Schlitzes und den Umfang des Speiserings ergeben sich äquidistante Abstände zwischen den Speisering-Ausgängen und den Monopol-Eingängen. Dementsprechend steht nur eine begrenzte Fläche für die Realisierung eines Verstärkers zur Verfügung und es gilt zunächst zu prüfen, ob dieser Platz ausreichend ist, um acht Verstärker im direkten Umfeld des Primärstrahlers anzuordnen, sodass die Verstärker-Ausgänge ohne zusätzliche Leitungslängen an die Monopole angeschlossen werden können. Da die Transistoren bedingt durch die Vorgaben des Halbleiterprozesses nur in einem 90° Raster angeordnet werden können, werden die Speisering-Ausgänge und Monopol-Eingänge durch gebogene Streifenleitungen an dieses Raster angepasst. Das Ziel sollte es sein, alle Verstärker in Sättigung zu betreiben, weshalb der Gewinn eines einzelnen Verstärkers mindestens so hoch sein muss, wie die Leistungsdifferenz des ersten und des letzten Ausgangs des Speiserings. Um diesen Verstärkergewinn für den hier verwendeten Speisering sicher gewährleisten zu können, wird in der verwendeten Halbleiter-Technologie SG13S ein 2-stufiger Kaskoden-Verstärker benötigt. Es gilt im Folgenden zu prüfen, ob sich dieser im Rahmen der geometrischen Gegebenheiten realisieren lässt. Die Anforderungen liegen dabei auf der begrenzt zur Verfügung stehenden Fläche und der U-förmigen Anordnung des Ein- und Ausgangs, um die von den Monopolen und dem Speisering vordefinierten Anschlüsse kontaktieren zu können. Der Verstärker wird vom Projektpartner Silicon Radar entworfen, wobei die Ein- und Ausgangsimpedanz des Verstärkers auf $Z_2 = 88\,\Omega$ angepasst wird. Dabei werden sämtliche Kapazitäten und Streifenleitungen in 3D-Feldsimulationen abgebildet. Die Schaltpläne für die DC-Versorgung und die HF-Schaltung sind in Abbildung 6.28 gezeigt.

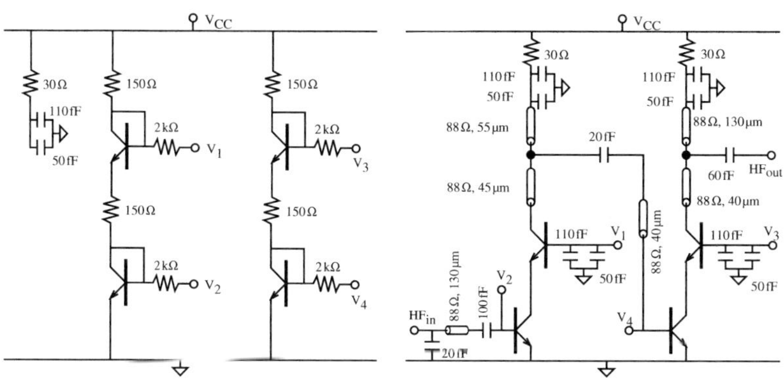

(a) DC-Versorgung (b) HF-Schaltung

Abbildung 6.28: Schaltplan des 2-stufigen Kaskoden-Verstärkers.

Die U-förmige Anordnung des 2-stufigen Kaskoden-Verstärkers ist in Abbildung 6.29 zu sehen und wurde ohne zusätzliche Anpassungsnetzwerke direkt an die $50\,\Omega$ CPW-Anschlüsse aus Anhang A.2 angeschlossen und separat auf dem IC platziert. Die CPW-Anschlüsse werden dabei in den 3D-Feldsimulationen berücksichtigt. Mit Hilfe eines PNA-X N5247A Netzwerkanalysators mit dem Millimeter Head Controller N5262A der Firma Keysight Technologies und zwei Millimeterwellen-Erweiterungsmodulen

V06VNA2-T/R-A der Firma OML inc. wird eine kalibrierte 2-Tor Messung des Verstärkers durchgeführt. Die Simulations- und Messergebnisse des Gewinns in Abbildung 6.30c zeigen dabei eine sehr gute Übereinstimmung, wobei die Eingangs- und Ausgangsanpassung nach Abbildung 6.30a und Abbildung 6.30b Abweichungen von bis zu 10 dB aufweisen.

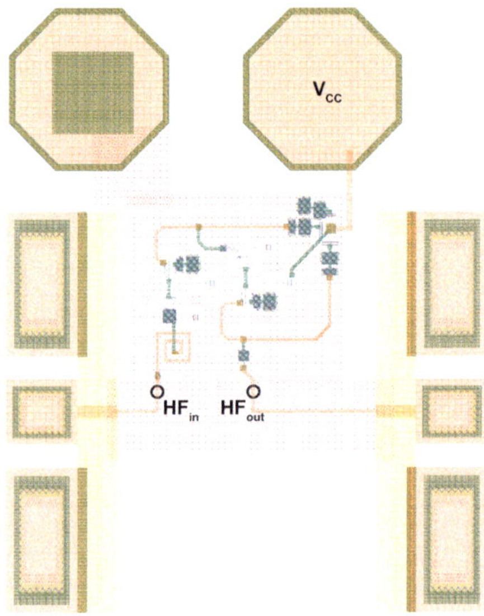

Abbildung 6.29: Schaltungslayout des 2-stufigen Kaskoden-Verstärkers in U-förmiger Anordnung. Die Metalllagen sind entsprechend Abbildung A.1 gekennzeichnet.

Die technischen Daten des Verstärkers sind in Tabelle 6.2 gelistet. Die DC-Versorgungen der Transistorstufen sind mit Stromspiegel-Schaltungen realisiert, wobei der Verstärker in einem Spannungsbereich von 1,9 - 2,7 V betrieben werden kann und dabei eine Kleinsignalverstärkung von 3,5 - 12,8 dB bei 134,6 GHz aufweist. Die 3 dB-Bandbreite des Verstärkers beträgt 20,5 GHz und liegt damit in vergleichbaren Regionen zu den vorgestellten Leistungsverstärkern aus Tabelle 5.2. Die vier Transistoren des 2-stufigen Kaskoden-Verstärkers benutzen die größte im Design-Kit verfügbare Emitterfläche von 8 x 0,48 x 0,12 μm^2 und sind demnach als PAs zu klassifizieren.

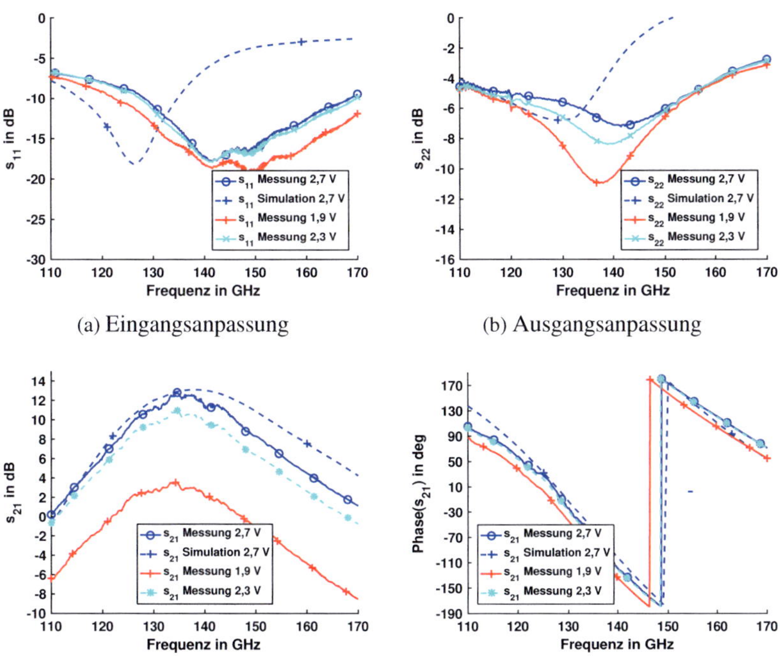

(a) Eingangsanpassung

(b) Ausgangsanpassung

(c) Transmission

(d) Transmission (Phase)

Abbildung 6.30: Simulation und Messung des 2-stufigen Kaskoden-Verstärkers

Betriebsspannung V_{CC}	1,9 - 2,7 V
Stromaufnahme	5,5 - 22 mA
Kleinsignalverstärkung (max.)	3,5 - 12,8 dB @ 134,6 GHz
Phasendifferenz (min./max. Gewinn)	23° @ 134,6 GHz
3 dB-Bandbreite	20,5 GHz
max. Ausgangsleistung	5,5 dBm @ 134,6 GHz (simuliert)
Emitterfläche je Transistor	8 x 0,48 x 0,12 µm^2

Tabelle 6.2: Gemessene Parameter des 2-stufigen Kaskoden-Verstärkers

Zum abschließenden Vergleich und dem Nachweis der Leistungskombination im Primärstrahler mit angeschlossenen aktiven Komponenten werden anstelle der Verbindungsleitungen der Speisering-Ausgänge und Monopol-Eingänge der passiven Antenne aus Abbildung 6.24 die 2-stufigen Kaskoden-Verstärker aus Abbildung 6.29 platziert. Dies führt zum finalen Layout des aktiven Primärstrahlers wie in Abbildung 6.31 dargestellt.

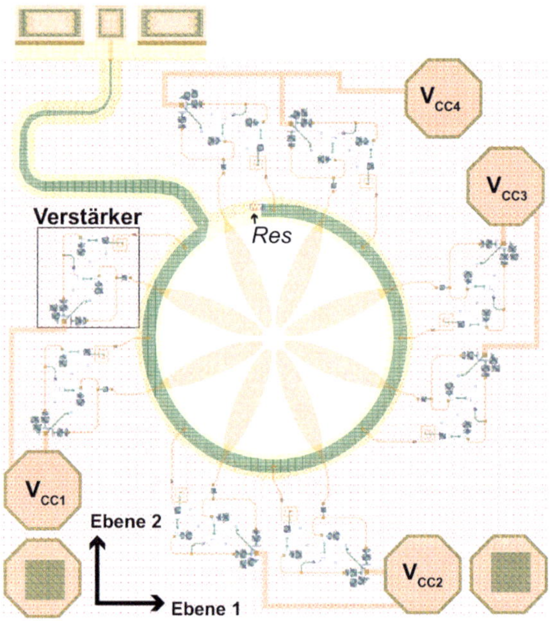

Abbildung 6.31: Aktive zirkular polarisierte Antenne mit acht angeschlossenen parallelisierten Verstärkern. Die Metalllagen sind entsprechend Abbildung A.1 gekennzeichnet.

Die messtechnische Charakterisierung der aktiven ILA erfordert den Anschluss des IC an eine DC-Umverdrahtungsplatine mittels Bonddrähten. Die Umverdrahtungsplatine wird halbseitig auf die Oberseite der Silizium-Linse mit einem Durchmesser von 12 mm und einer Höhe von 8 mm geklebt und besitzt um den Linsenmittelpunkt eine Aussparung, in der wiederum der Schlitzmittelpunkt des aktiven Primärstrahlers im Fokuspunkt der Linse platziert werden kann. Insgesamt können dem IC vier unterschiedliche

DC-Spannungen zugeführt werden, da jeweils zwei aufeinander folgende Verstärkerelemente zusammen geschaltet sind. Durch die variable Einstellung der Kleinsignalverstärkung bietet sich prinzipiell die Möglichkeit, den Amplitudenfehler zu eliminieren und die Auswirkungen auf das Achsenverhältnis messtechnisch zu bestimmen. Dazu würde man die Verstärker am Anfang des Speiserings entsprechend mit geringerer Versorgungsspannung betreiben und anschließend sukzessive erhöhen, sodass die Ausgangsleistung an allen Verstärker-Ausgängen konstant ist. Allerdings ändert sich über der variablen Kleinsignalverstärkung, wie in Abbildung 6.30d dargestellt, die Phase um 23° bei 134,6 GHz, weshalb man keinen Vorteil im Achsenverhältnis erwarten kann, da die falsche Phasenbeziehung, wie in Anhang B gezeigt, einen größeren Einfluss auf das Achsenverhältnis aufweisen würde. Zusätzlich ändert sich, wie in Abbildung 6.30a und Abbildung 6.30b zu sehen ist, mit der variablen Kleinsignalverstärkung auch die Eingangs- und Ausgangsanpassung. Die Versorgungsspannung aller vier DC-Anschlüsse der aktiven ILA beträgt bei der Messung somit 2,7 V, dadurch ergibt sich eine maximale Stromaufnahme von 176 mA. Die Verschiebung des Minimums vom Achsenverhältnis aus Abbildung 6.32 im Vergleich zur passiven Variante ergibt sich durch die Entkopplung der Speisering T-Verzweigungen durch die Isolation S_{12} der Verstärker.

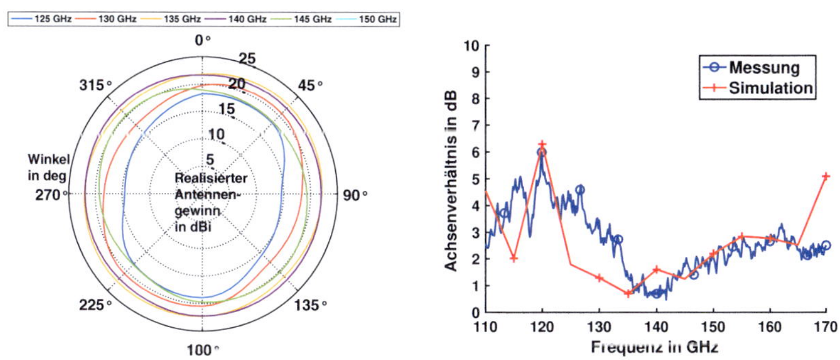

(a) Exzentrizität der aktiven Antennen. (b) Achsenverhältnis über der Frequenz.

Abbildung 6.32: Simuliertes und gemessenes Achsenverhältnis der aktiven 8-fach gespeisten zirkular polarisierten ILA.

Demnach befindet sich für die aktive ILA das Minimum um 140 GHz und zeigt eine Übereinstimmung zur Phasenbeziehung der Speisering-Ausgänge aus Abbildung 6.25b. Die 3D-Feldsimulation der aktiven ILA wird in CST mit Hilfe der Schematic Ansicht durchgeführt. Dabei wird zwischen den Speisering-Ausgängen und den Monopol-Eingängen jeweils ein S-Parameter Block mit den Verstärkermessungen bei 2,7 V aus Abbildung 6.30 geschaltet. Mit Hilfe dieser Simulation lässt sich ebenfalls eine sehr gute Übereinstimmung des Achsenverhältnisses zur Messung zeigen. Die Bestimmung der Richtcharakteristiken beider Polarisationsebenen aus Abbildung 6.33 erfolgt nach dem selben Prinzip wie für die passive ILA. Es kann auch hier gezeigt werden, dass die simulierten und gemessenen Werte eine gute Übereinstimmung aufweisen, wobei bei der Vermessung der Richtcharakteristik immer die Toleranzen bedingt durch den Aufbau der ILA zu berücksichtigen sind, bspw. die Platzierung des ICs auf der Linse.

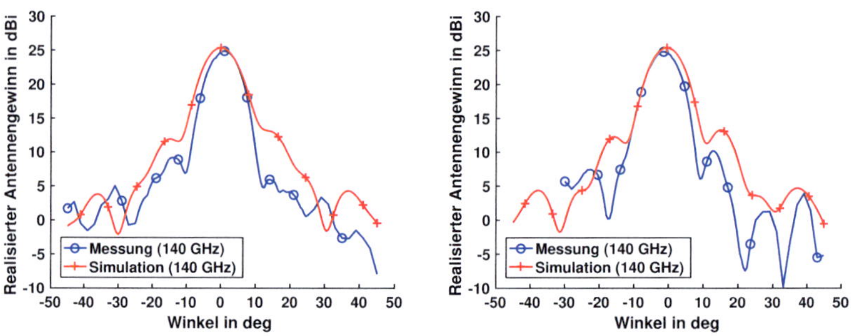

(a) Ebene 1 (b) Ebene 2

Abbildung 6.33: Simulierte und gemessene Richtcharakteristiken für beide Schnittebenen der aktiven 8-fach gespeisten zirkular polarisierten ILA.

Die Reflexionsfaktoren der passiven und aktiven ILA in Abbildung 6.34a zeigen eine gute Überstimmungen zu den Simulationen. Die Aussagekraft des Reflexionsfaktors ist allerdings gering, da bedingt durch den Abschlusswiderstand *Res* eine sehr gute und breitbandige Anpassung erreicht wird. Abschließend erfolgt der Vergleich der realisierten Antennengewinne der passiven und aktiven ILA über der Frequenz in senkrecht zum IC gerichteter Abstrahlungsrichtung, sowie des Gewinns der einzelnen Verstärkermessung.

Für den Nachweis, dass die ILA gleichermaßen in der passiven und aktiven Version als leistungskombinierendes Bauteil wirkt, kann anhand der Differenz der realisierten Antennengewinne der Verstärkergewinn wie in Abbildung 6.34b zurückgerechnet und mit dem gemessenen Verstärkergewinn des Einzelverstärkers verglichen werden.

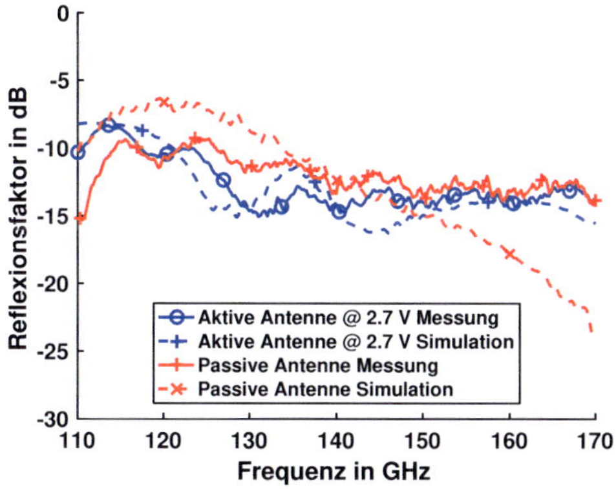

(a) Reflexionsfaktoren

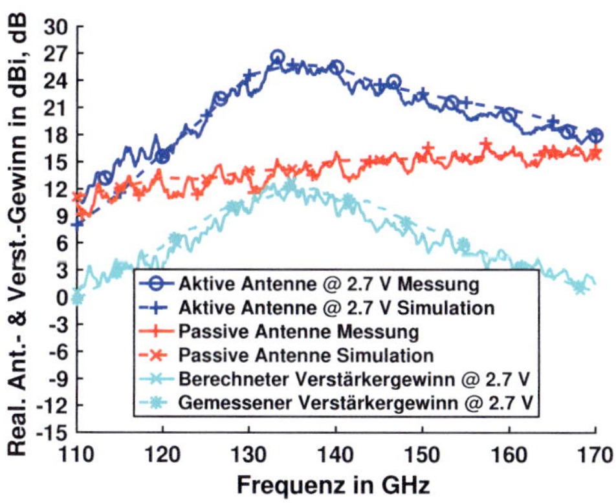

(b) Realisierte Antennengewinne, Verstärkergewinn

Abbildung 6.34: Simulations- und Messergebnisse der aktiven und passiven 8-fach gespeisten zirkular polarisierten ILAs.

Die Übereinstimmung aller Simulations- und Messergebnisse ist dabei exzellent und der Nachweis der Leistungskombination von acht parallelisierten Verstärker mit ultra-kompakter Leistungsaufteilung konnte erbracht werden. Zusätzlich kann durch diesen Vergleich der messtechnische Nachweis erbracht werden, dass innerhalb des Primärstrahlers keine Verluste auftreten, welche die Kombinationseffizienz der parallelisierten Verstärker beeinträchtigen. Aus diesem Grund ist das Konzept der mehrfach gespeisten Antennen jedem bisher bekannten Konzept zur Leistungskombination aus Kapitel 5 überlegen, da keinerlei Verluste $L_{C,ges}$ für Kombinationsnetzwerke anfallen. Nach der erfolgreichen Verifizierung dieser effizienten Leistungskombination wird ein Realisierungsbeispiel dieses Konzepts in einem Kommunikations-SoC demonstriert.

6.4 Kommunikationsmodul mit aktivem Primärstrahler

Auf Basis des 240 GHz Kommunikationssenders aus [SGS⁺16] wurde in weiteren Forschungsarbeiten im Rahmen des DFG Projektes *Real100G.RF [DP]* der Kommunikations-IC weiter verbessert und das Konzept der Leistungskombination aus Abschnitt 6.3.4 verwendet. Aufgrund des maximalen Gewinns der Verstärker nach Abbildung 6.14b bei 210 GHz kann für den entwickelten Kommunikations-SoC keine Erweiterung der Reichweite erwartet werden, da der Betriebsfrequenzbereich des Kommunikations-SoC zwischen 235 - 270 GHz liegt. Die parallelisierten Verstärker vor dem Primärstrahler müssten dafür noch einmal entsprechend angepasst werden. Auf dem Kommunikations-IC befindet sich dabei wie im Blockschaltbild aus Abbildung 6.35a zu sehen ist, eine x 16 Multiplikator-Schaltung, dies führt zu einer extern anzuschließenden LO-Frequenz von 15 GHz. Bis auf den LO-Eingang sind alle Signalpfade in differentieller Topologie gefertigt. Vor und nach dem IQ-Mischer kommt jeweils ein 4-stufiger PA zum Einsatz. Der differentielle Ausgang des zweiten PAs wird aufgetrennt (was aufgrund einer quasi-differentiellen Implementierung ohne weitere Vorkehrungen möglich ist) und an die DTs aus Abbildung 5.1 angeschlossen. Dabei ist darauf zu achten, dass der DT auf einer Seite wie in Abbildung 6.35b vertikal gedreht wird, damit die Phasenbelegung an den Monopolen der Schlitzantenne korrekt ist.

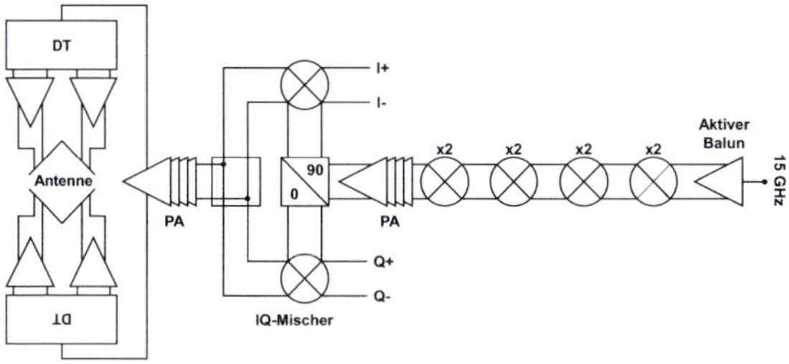

(a) Blockschaltbild des SoC

(b) IC-Foto des SoC

(c) Modul

Abbildung 6.35: 240 GHz Kommunikations-Modul.

Aufgrund der hohen Bandbreite im Basisband des ICs wird nicht die Aufbautechnik aus Kapitel 3 verwendet, da ein nach diesem Konzept entworfenes QFN-Gehäuse nicht genügend Bandbreite bereitstellt und das Gehäuse zusätzlich auf einem HF-Substrat platziert werden müsste, um die Basisbandsignale verlustarm an die Basisbandverstärker zu verteilen. Mit Hilfe von Bonddraht-, Flip-Chip- und Lötprozessen wurde innerhalb des Instituts von einer anderen Arbeitsgruppe das 240 GHz Kommunikationssendemodul aus Abbildung 6.35c auf Basis des vorgestellten Kommunikations-SoCs aufgebaut. Mit Hilfe des MILLILINK-Empfängers aus [KAS+11] konnte dieses Modul charakterisiert werden. Dabei wurde in [EBG+17] eine Datenrate von 30 Gbit/s unter Verwendung einer 8PSK-Modulation demonstriert. Unter der Bedingung einer $BER \leq 10^{-3}$ konnte eine Datenrate von 24 Gbit/s mit einer QPSK Modulation erreicht werden. Dieses Modul legt den Grundstein zu den angestrebten Datenraten von 100 Gbit/s. Durch weitere Optimierungsschritte innerhalb *Real100G.RF* kann davon ausgegangen werden, dass die Datenrate und maximale Reichweite weiter erhöht werden können.

7 Schlussfolgerungen

Die Miniaturisierung aller passiven und teilweise aktiven Bauteile mit steigender Frequenz ermöglicht die Integration von kompletten HF-Systemen im Millimeterwellenbereich auf einem einzelnen IC. Die Nachteile hinsichtlich der maximalen Reichweite solcher Applikationen wurde in Kapitel 1 anhand von derzeit erhältlichen Systemen im Millimeterwellenbereich aufgezeigt. In den kommenden Jahren ist zu erwarten, dass die Betriebsfrequenz dieser Systeme weiter ansteigen wird, was die maximale Reichweite weiter limitiert. Ziel dieser Arbeit war daher die Maximierung der Sendeleistung und der Antenneneffizienz für breitbandige Kommunikations- oder Radar-Applikationen. Dabei wurden verschiedene Integrationstechniken und die Antenneneffizienz von bereits bekannten SoC Applikationen analysiert. Um die Ziele bestmöglich zu erreichen, führte dies zu dem Lösungsansatz, auf dem bekannten Konzept einer Schlitzantenne und ILAs aufzubauen.

In Kapitel 3 wurde zunächst die Integrationsmöglichkeit und Dimensionierung der Schlitzantenne bzw. des Primärstrahlers innerhalb des in dieser Arbeit verwendeten SiGe BEOL-Prozesses auf einem IC dargestellt. Zusätzlich wurden Gehäusetechniken aufgezeigt, welche mit Standard-Technologien wie Bonddraht- und Flip-Chip-Prozessen eine QFN-basierte Gehäuselösung von SoC Applikationen auf Basis von ILAs ermöglichen. Die thermischen und elektrischen Eigenschaften dieser Gehäusetechniken wurden simulativ untersucht und zunächst teilweise messtechnisch validiert. Dabei wurde auch ein Konzept für den mechanischen Aufbau präsentiert, welcher durchgehend planare Prozessschritte gewährleistet und für Lötofenprozesse geeignet ist. Die präsentierte Aufbautechnik hat den zusätzlichen Vorteil, dass bei den 3D-Feldsimulationen der ILA keine Gehäusekomponenten in die Simulation mit aufgenommen werden müssen, da sie aus elektrischer Sicht keinen Einfluss auf die HF-Eigenschaften haben.

In Kapitel 4 wurden Antennensysteme auf Basis von zwei geometrisch eng benachbarten Primärstrahlern einer ILA für den Einsatz in einem Amplituden-

monopuls-Radar und einem Zweikanal-Radar untersucht. Die Vorteile eines zirkular polarisierten Primärstrahlers wurden dargestellt und es wurde die Implementierung innerhalb des ICs mit Hilfe von 90° Richtkopplern aufgezeigt. Die Richtcharakteristiken des Sende- und der beiden Empfangskanäle eines Amplitudenmonopuls-Radars konnten mit Hilfe eines entsprechenden ILA-Systems auf einem passiven IC durch kalibrierte Antennengewinnmessungen validiert werden.
Die superponierten Richtcharakteristiken des Sendekanals und der beiden Empfangskanäle eines Zweikanal-Radar-Frontends konnten anhand von Messungen mit einem 122 GHz Radarsensor demonstriert und mit Simulationen verglichen werden. Dabei konnte eine sehr gute Übereinstimmung gezeigt werden. Das Zweikanal-Radar-SoC wurde entsprechend der in dieser Arbeit präsentierten Aufbautechnik aufgebaut und anschließend mit Hilfe eines selbst entwickelten PCB, welches die Ansteuerung, Auswertung und die Basisbandelektronik für das Radar-Frontend bereit stellt, zu einem voll funktionsfähigen FMCW- oder CW Radarsensor erweitert. Damit konnten die Simulationsergebnisse aus Kapitel 3 bzgl. der thermischen und elektrischen Performanz des vorgeschlagenen Gehäusekonzeptes erfolgreich verifiziert werden. Zusätzlich konnte gezeigt werden, dass der mechanische Aufbau des Frontends mit Bonddraht- und Flip-Chip-Maschinen praktikabel realisierbar ist und zur Kontaktierung auf einem PCB die Verwendung eines Standard-Lötofenprozesses geeignet ist.
In Kapitel 5 wurde aufgezeigt wie generell auf Halbleiterprozessen mit Hilfe von parallelisierten Verstärkern die Ausgangsleistung erhöht werden kann. Anhand dem Stand der Technik wurde dabei auf die gängigen Verfahren und deren Kombinationseffizienz eingegangen. Für die Sendeeinheit von Kommunikations-SoCs wurde eine neuartige Methode zur Leistungskombination von parallelisierten Verstärkern auf Basis der in dieser Arbeit verwendeten Schlitzantennen präsentiert. Es konnte gezeigt werden, dass die Ausgänge der parallelisierten Verstärker direkt am Primärstrahler einer ILA angeschlossen werden können und die Leistung innerhalb des Primärstrahlers kombiniert wird. Dabei konnte der simulative und teils messtechnische Nachweis erbracht werden, dass bis zum Anschluss von 16 parallelisierten Verstärkerzweigen keine Einbußen in der Antenneneffizienz zu erwarten sind. Dies führt, im Vergleich zu den präsentierten herkömmlichen Methoden,

zum Wegfall der passiven Komponente zur Leistungskombination, welche in jedem Fall Verluste aufweisen würde. Zusätzlich konnte gezeigt werden, dass die Kombinationseffizienz von mehrfach gespeisten Primärstrahlern bezogen auf die gängigen Kombinationsnetzwerke in Streifenleitungstechniken bei einer Parallelisierung von 16 Verstärkern um mindestens 1 dB gesteigert werden kann.
In Kapitel 6 konnten für die mehrfach gespeisten Primärstrahler zur Leistungskombination zusätzlich neue Erkenntnisse hinsichtlich der Impedanzanpassung getroffen werden. Es konnte gezeigt werden, dass die Eingangsimpedanz des Primärstrahlers stufenlos an die Ausgangsimpedanz der parallelisierten Verstärker angepasst werden kann. Die Ausgangsimpedanz von herkömmlichen Kombinationsnetzwerken auf Basis von Kopplern oder T-Verzweigungen ist oftmals nur in einem bestimmten Impedanz-Verhältnis zum Eingang möglich, weshalb u. U. die optimale Ausgangsimpedanz des Verstärkers nicht bereitgestellt werden kann. Mit den hier vorgestellten mehrfach gespeisten Primärstrahlern kann somit der Transformationsweg und damit die maximale Ausgangsleistung und die Bandbreite von Leistungsverstärkern optimiert werden. In dieser Arbeit wurde dies für reelle Impedanzen zwischen 12,5 - 88 Ω simulativ und teilweise messtechnisch nachgewiesen. Generell ist es denkbar, auch komplexe Eingangsimpedanzen des Primärstrahlers zu realisieren.
Anschließend wurden verschiedene Lösungsansätze zur Leistungsaufteilung präsentiert. Das erste Konzept basiert auf verteilten Transformatoren, welche erstmalig innerhalb eines SiGe BEOL-Prozesses integriert wurden. Damit konnte eine Bandbreite von über 120 GHz der mehrfach gespeisten ILAs ausgenutzt und demonstriert werden. Die abgestrahlte elektromagnetische Welle weist dabei eine lineare Polarisation auf. Letztendlich konnte anhand der Simulationen und Messungen von passiven und aktiven ILAs der Nachweis der Leistungskombination erbracht werden. Für die aktive ILA wurden dabei vier differentielle einstufige Kaskoden-Verstärker des Projektpartners IHCT mit einem maximalen Gewinn von 5,2 dB bei 207 GHz an den Primärstrahler angeschlossen und deren Signale innerhalb des Primärstrahlers kombiniert. Das zweite vorgestellte Konzept nutzt die Möglichkeit einer zirkularen Anregung des Primärstrahlers aus, wobei die Anzahl der anregenden Elemente auf acht Monopole erhöht wurde. Dabei wird ein Konzept zur Leistungs-

aufteilung auf Basis von T-Verzweigungen und $\lambda/8$-Verzögerungsleitungen präsentiert, welches kaum zusätzliche Halbleiter-Fläche für die Realisierung benötigt. Durch das Speiseprinzip ergibt sich eine frequenzabhängige Antenneneffizienz, welche in dieser Arbeit detailliert untersucht und beschrieben wurde. Der Primärstrahler kann dabei durch eine Kreuzdipol-Ersatzantenne abgebildet werden und ermöglicht Aussagen zur frequenzabhängigen Antenneneffizienz unter der Annahme einer idealen Eingangsanpassung des Primärstrahlers. Diese damit berechneten Werte zur Antenneneffizienz bilden somit das Optimierungskriterium der real aufgebauten ILA in 3D-Feldsimulationen. Durch die Differenzbildung der realisierten Antennengewinne einer aktiven und passiven 8-fach gespeisten ILA nach diesem Prinzip konnte der Verstärkergewinn zurückgerechnet werden und mit Messungen eines einzelnen separat platzierten Verstärkers verglichen werden. Dabei konnte eine exzellente Übereinstimmung des maximalen Gewinns von 12,8 dB bei 134,6 GHz festgestellt werden. Damit konnte der vollständige Nachweis erbracht werden, dass die untersuchten ILAs zur Leistungskombination von parallelisierten Verstärkern geeignet sind.
In dieser Arbeit sind die folgenden technischen Neuerungen gegenüber dem Stand der Technik hervorzuheben:

- Es wurden drei verschiedene Gehäusetechniken für die Verwendung von SoC Applikationen auf Basis von ILAs präsentiert. Die planaren Prozessschritte ermöglichen dabei einen Aufbau mit Standard-Verfahren wie Bonddraht- und Flip-Chip-Prozessen. Ein Standard-lötbarer QFN-Gehäusetyp für abstrahlende Elemente auf Basis von ILAs wurde dabei erstmalig demonstriert. Mit Hilfe eines Zweikanal-Radar-SoC konnte der mechanische Aufbau der vorgestellten QFN-Gehäusetechnik demonstriert werden. Anhand dieses Frontends und einer geeigneten Steuer- und Auswerteelektronik konnte zusätzlich das thermische und elektrische Verhalten der Aufbautechnik messtechnisch charakterisiert und Simulationsergebnisse verifiziert werden.

- Die effiziente Leistungskombination von mehrfach gespeisten Primärstrahlern konnte durch kalibrierte Gewinnmessungen anhand von aktiven und passiven ILAs nachgewiesen werden. Dabei wurden -10 dB-Bandbreiten des Reflexionsfaktors von >120 GHz einer ILA im H-

Band demonstriert. Durch den Wegfall von Kombinationsnetzwerken ergeben sich geringere Verluste, eine kompaktere Bauweise und eine stufenlose Impedanzanpassung der Eingangsimpedanz der Primärstrahler. Der Nachweis, dass die Antenneneffizienz von mehrfach gespeisten Primärstrahlern bis zu einer Parallelisierung von 16 Verstärkern nicht abnimmt, konnte simulativ und teilweise messtechnisch nachgewiesen werden. Dabei wurden mehrfach gespeiste Primärstrahler mit einer simulierten Antenneneffizienz $>90\,\%$ und Bandbreiten von 60 GHz im H-Band demonstriert, welche in jedem Fall eine höhere Kombinationseffizienz als herkömmliche Verfahren aufweisen, da keine zusätzlichen Verluste durch separate Kombinationsnetzwerke entstehen.

- Die bisher kompakteste Realisierung eines Netzwerkes zur Leistungsaufteilung für mehrfach gespeiste Primärstrahler wurde präsentiert. Dabei wird für die benötigte Halbleiter-Fläche lediglich der Schlitzradius d_s des Primärstrahlers um 30 µm vergrößert. Diese kompakte Integration konnte anhand einer 8-fach gespeisten aktiven und passiven ILA mit einer unteren Grenzfrequenz von $f_{c,min} = 130\,$GHz erbracht werden und die Leistungskombination innerhalb des Primärstrahlers konnte anhand von kalibrierten Gewinnmessungen und separaten Verstärkermessungen verifiziert werden. Für SoC Applikationen in denen eine relative 0,5 dB-Antennengewinn-Bandbreite von 16 % ausreichend ist, konnte das kompakteste Design eines Primärstrahlers mit 8-fach parallelisierten Verstärkern anhand von passiven und aktiven ILAs demonstriert werden. Zusätzlich konnte eine sehr verlustarme Realisierung der Leistungsaufteilung innerhalb des BEOL-Prozesses simulativ aufgezeigt werden. Dabei betragen die simulierten Verluste des 1:8 Teilernetzwerkes lediglich 1,2 dB bei 130 GHz.

Zusammenfassend konnte gezeigt werden, dass teilintegrierte on-chip Antennen nach dem Prinzip einer ILA sehr gut geeignet sind, um die Kriterien einer höheren Ausgangsleistung und einer breitbandigen und effizienten Abstrahlung zu erfüllen. Als Realisierungsbeispiele konnte innerhalb dieser Arbeit sowohl die Integration dieser ILA-Systeme in Radar-SoCs, als auch in Kommunikations-SoCs gezeigt werden. Für Kommunikations-SoCs konnte dies bei Frequenzen demonstriert werden, bei denen derzeit noch keine kommerziell verfügbaren Systeme erhältlich sind. Dabei wurde in einem 240 GHz Kommunikationssender-SoC das Konzept der hocheffizienten Leistungskombination von parallelisierter Verstärker mittels der in dieser Arbeit vorgestellten mehrfach gespeisten Primärstrahler erstmalig demonstriert. Des Weiteren konnte mit der vorgestellten Aufbautechnik erstmalig eine QFN-Gehäusetechnik auf Basis von ILAs präsentiert werden. Durch ein während dieser Arbeit entstandenes Zweikanal-Radar-SoC konnte mit Hilfe dieses neuartigen Aufbaukonzept ein kompletter Zweikanal-Radarsensor im ISM-Band um 122,5 GHz demonstriert werden. Dadurch steht mit diesem Gehäuse eine einfach zu realisierende Aufbautechnik bereit, welche die enorm effizienten und breitbandigen Abstrahleigenschaften einer ILA nicht beeinflusst. Dies kann für die Performanz von zukünftigen Radar- und Kommunikationssystemen eine deutliche Leistungssteigerung darstellen. Mit dem zusätzlichen Konzept der mehrfachen Speisung eines Primärstrahlers ohne Einbußen der Antenneneffizienz kann die Performanz von Kommunikationssystemen zusätzlich erhöht werden. Durch den Wegfall der herkömmlichen Streifenleitungsnetzwerke zur Leistungskombination und der Skalierung der Antennengröße durch die hohe Dielektrizitätszahl des Siliziumsubstrats kann eine Verringerung der benötigten Halbleiter-Fläche erreicht werden, was zu einer kostengünstigeren Realisierung von zukünftigen SoC-Systemen führt.

A IHP HBT Technologie

In dieser Arbeit werden ausschließlich ICs auf Basis von SiGe-Halbleitern des Leibniz-Instituts IHP[1] verwendet. Für die aktiven Komponenten werden dabei ausschließlich die HBT-Transistoren verwendet, da sie die höchsten Grenzfrequenzen f_t und f_{max} aufweisen. Die Prozesse werden aber grundsätzlich als BiCMOS Technologien angeboten.

A.1 Technologien und Transistoreigenschaften

Die IHP-Technologien aus Tabelle A.1 werden für passive und aktive Schaltungen innerhalb dieser Arbeit verwendet, wobei sich die beiden 130 nm-Technologien hauptsächlich durch ihre Transitfrequenz f_t und f_{max} der HBTs unterscheiden.

Name	f_t	f_{max}	Stromverstärkung	Emitterfläche A_E
SG13S	240	340 ($4 \cdot A_E$)	900 ($1 \cdot A_E$)	0,12 x 0,48 μm^2
SG13G2	300	450 ($4 \cdot A_E$)	650 ($1 \cdot A_E$)	0,07 x 0,9 μm^2

Tabelle A.1: In dieser Arbeit verwendete IHP-Technologien.

Eine weitere wichtige Technologie, welche für die Realisierung von Antennen Vorteile bringen kann, stellt die LBE-Technologie dar, welche zum Zeitpunkt der Anfertigung dieser Arbeit für SG13-Prozesse zur Verfügung steht. Damit können gezielte Bereiche des Halbleitersubstrats weggeätzt werden und u. U. die Ausbildung von Oberflächenwellen minimiert werden. Die Vor- und Nachteile dieser Technologie wurden in Abschnitt 2.3.1 bereits erläutert, wobei die Technologie in dieser Arbeit nicht verwendet wird. Des

[1] IHP GmbH - Innovations for High Performance Microelectronics / Leibniz-Institut für innovative Mikroelektronik, Im Technologiepark 25, 15236 Frankfurt (Oder)

Weiteren ist eine TSV-Technologie im Frühstadium bereits für die SG25-Prozesse mit geringeren Grenzfrequenzen f_t und f_{max} verfügbar. Es ist davon auszugehen, dass diese Technologie in Zukunft auch für die beiden SG13-Prozesse zur Verfügung stehen wird.

A.2 Lagenaufbau des Backend-Prozesses (BEOL)

Der Lagenaufbau des BEOL der SG13-Prozesse ist in Abbildung A.1 gezeigt. Dabei ist die Gesamthöhe des BEOL ca. 15 µm, wobei die Schichtdicke zwischen den Metalllagen im Bereich von 0,54 - 2,8 µm liegt. Die Metalllagen besitzen Schichtdicken zwischen 0,42 - 3 µm. Unterhalb des BEOL folgt eine 3,75 µm dünne Epitaxie-Schicht mit einer elektrischen Leitfähigkeit von $\sigma = 5\,\mathrm{S/m}$. Die Dicke des Siliziumsubstrats unterhalb dieser Schicht wird in den in dieser Arbeit verwendeten ICs zu 200 µm gewählt und besitzt eine Leitfähigkeit von $\sigma = 2\,\mathrm{S/m}$. Diese Materialien und der Lagenaufbau werden innerhalb der 3D-Feldsimulationen verwendet, wobei der reale Prozess deutlich mehr Zwischenschichten aufweist, welche aus HF-Sicht aber keine merklichen Einflüsse aufweisen. Das Dielektrikum des BEOL wird durch ein SiO_2-Substrat gebildet, wobei der komplette Prozess bis auf die dielektrische Schicht oberhalb TM 2 planar realisiert wird. Die Metalllagen bestehen ausschließlich aus Aluminium, wobei für die dünnen Metallschichten M 1 bis M 5 die höheren Verluste aufgrund einer niedrigeren elektrischen Leitfähigkeit σ berücksichtigt werden müssen. Die Legende auf der rechten Seite in Abbildung A.1 beschreibt die einzelnen Metalllagen für alle in dieser Arbeit vorkommenden Strukturen.

A.3 Breitbandiger CPW zu Mikrostreifenleitung Anschluss

In dieser Arbeit werden für sämtliche Frequenzbereiche die gleichen CPW-Anschlüsse verwendet. Diese lassen sich mit koplanaren Messspitzen kontaktieren, wobei der Abstand der Signal-zu-Masse Anschlüsse der Messspitzen zwischen 40 - 110 µm variieren kann. Die Topologie ist eine koplanare

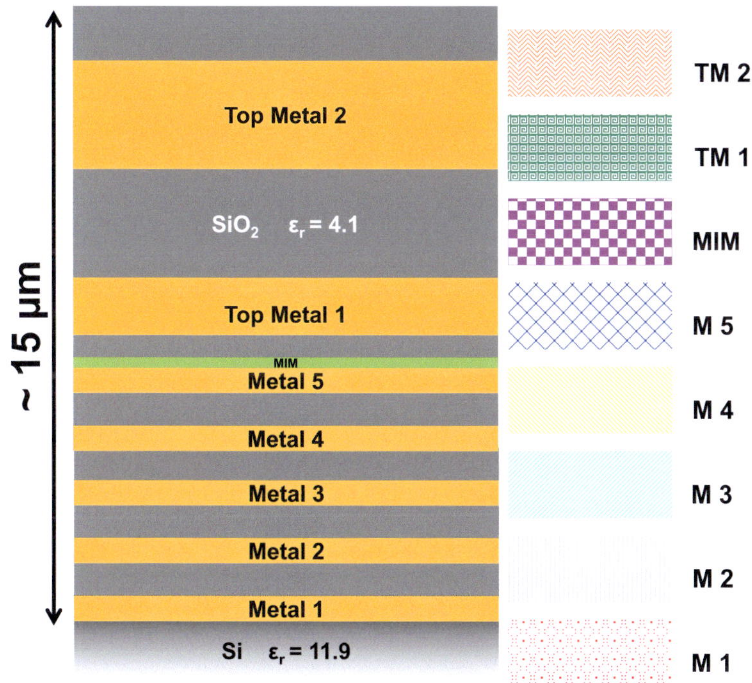

(a) BEOL (b) Legende

Abbildung A.1: Lagenaufbau des Backend Prozesses (BEOL) der SG13 Technologie. [23] © 2017 IEEE.

CPW-Leitung, welche direkt mit Hilfe von Kurzschlüssen der beiden Masse-Anschlüsse in eine Mikrostreifenleitungs-Topologie gewandelt wird. Zur mechanischen Stabilität sind unterhalb der einzelnen Anschlüsse in jeder Metallschicht ausgesparte rechteckige Strukturen eingebracht, wie in Abbildung A.2 zu erkennen. Diese Rechtecke dürfen unter keinen Umständen vollflächig unterhalb der Anschlüsse realisiert werden, da sonst eine stark kapazitive Wirkung auftreten würde. Durch das Konzept von Anschlüssen direkt oberhalb des Siliziums ohne Schirmung durch eine geeignete Massefläche werden sich geringfügige Anteile der Feldkomponenten innerhalb des Siliziumsubstrates ausbreiten.

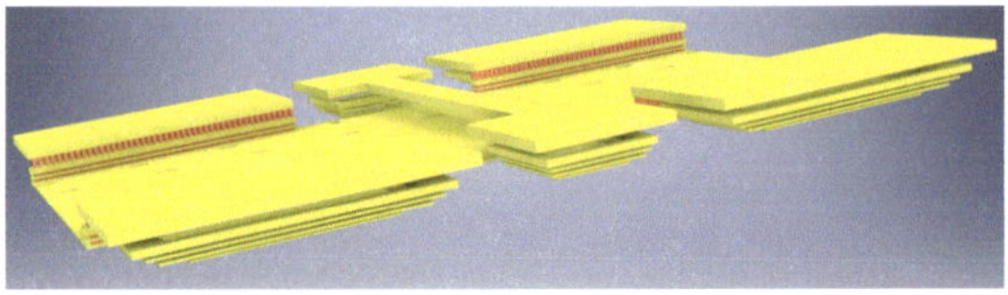

Abbildung A.2: 3D Simulationsmodell in einer back-to-back Konfiguration mit einer 200 µm langen 50 Ω Mikrostreifenleitung zur Verbindung der beiden CPW-Anschlüsse.

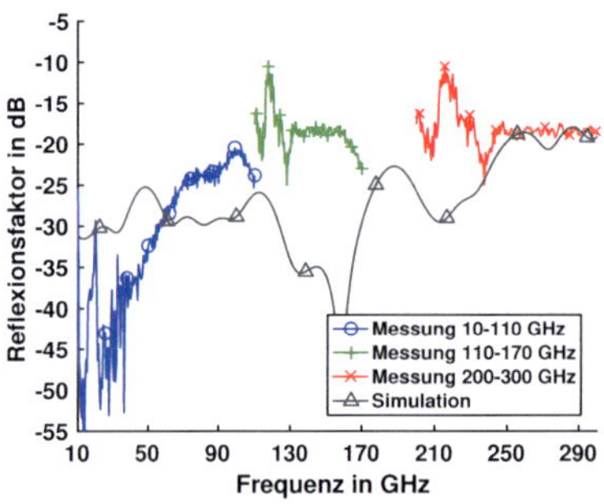

(a) Reflexionsfaktor

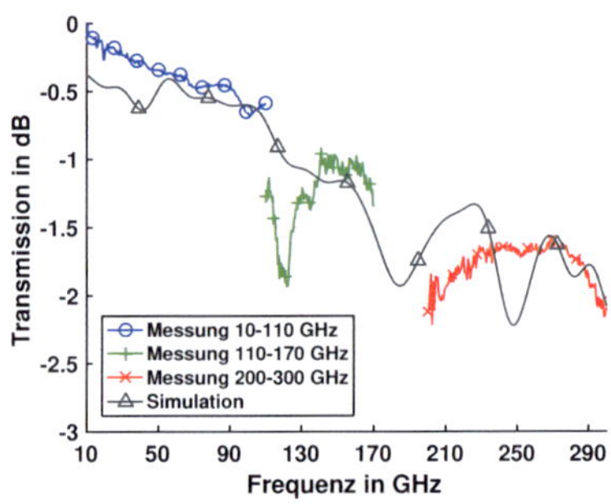

(b) Transmission

Abbildung A.3: Reflexions- und Transmissionsfaktor des back-to-back CPW Anschlusses.

An den Messergebnisse ist allerdings zu erkennen, dass im Frequenzbereich von 10 - 300 GHz eine akzeptable Transmission der beiden CPW-Anschlüsse und der 200 µm langen 50 Ω Mikrostreifenleitung erreicht werden kann. Das Simulationsmodell beinhaltet dabei pro CPW-Anschluss je einen Waveguide-Anschluss in CST, d. h. die Messspitzen selbst müssen für eine akzeptable Übereinstimmung der Simulations- und Messergebnisse nicht mit simuliert werden. Dies minimiert den Simulationsaufwand einer 3D-Feldsimulation enorm.

B Kreuzdipol-Antennen Beschreibung mit MATLAB

In diesem Anhang wird gezeigt, wie mit Hilfe der Antennen-Toolbox von MATLAB eine Kreuzdipol-Antenne realisiert werden kann. Dazu werden zunächst vier Dipole generiert, welche anschließend zu einer Antennengruppe zusammengefasst werden. Dabei werden die Dipole so angeordnet, dass aufeinander folgende Dipole eine Drehung von 45° aufweisen. Die Amplitude und Phase des Speisesignals, sowie der Offset des Speisepunktes können dabei jedem der vier Dipole beliebig zugeordnet werden. Mit Hilfe der nachfolgenden Funktion lässt sich eine Kreuzdipol-Antenne mit beliebigen Amplituden- und Phasenbelegungen generieren, das Simulationsmodell der Antennengruppe ist in Abbildung B.1 gezeigt.

```
function [ ant ] = createAntenna( freq, phaseShift,
    amplitude)

    lambda   = 3e8/freq;
    offset   = lambda/100000;
    length   = lambda/2.25;
    width    = lambda/800;
    feedoffFactor = 360/(((4*phaseShift) 180)/2);
    feedoff = lambda/feedoffFactor;

    d1 = dipole('Length', length, 'Width', width, 'Tilt',
        [-90,0],'TiltAxis', ['Y', 'Z'], 'FeedOffset',
        feedoff);
    d2 = dipole('Length', length, 'Width', width, 'Tilt',
        [-90,45], 'TiltAxis', ['Y', 'Z'], 'FeedOffset',
        feedoff);
    d3 = dipole('Length', length, 'Width', width, 'Tilt',
        [-90,90], 'TiltAxis', ['Y', 'Z'], 'FeedOffset',
        feedoff);
    d4 = dipole('Length', length, 'Width', width, 'Tilt',
        [-90, 135], 'TiltAxis', ['Y', 'Z'], 'FeedOffset',
        feedoff);
    ant = conformalArray('Element', {d1, d2, d3, d4}, '
        ElementPosition',[0 0 0;0 0 offset;0 0 (2*offset);0
         0 (3*offset)],'Reference','origin');
```

```

    ant.PhaseShift = [0 1*phaseShift 2*phaseShift 3*phaseShift];
    ant.AmplitudeTaper = [0.5 0.5 0.5 0.5];
    if (amplitude == 1)
        ant.AmplitudeTaper = [0.4195 0.3739 0.3333 0.2970]; %% 1 db Unterschied
    end
end
```

Listing B.1: Erstellung einer Kreuzdipol-Antenne

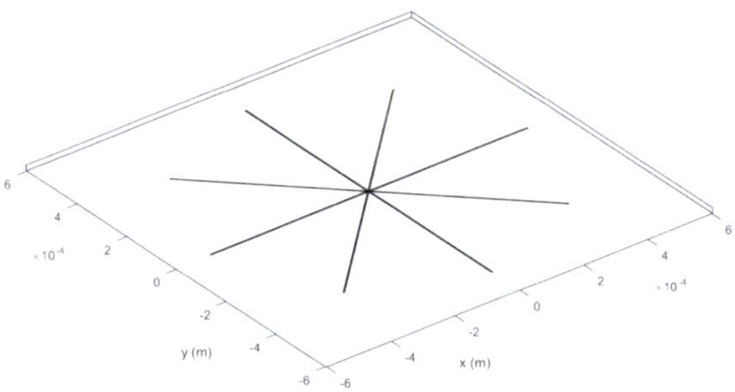

Abbildung B.1: Simulationsmodell der Kreuzdipol-Antenne in MATLAB

Das Simulationsmodell ist dabei in einer Vakuum-Umgebung aufgebaut und besitzt keine metallischen Reflektoren. Anschließend lassen sich mit den nachfolgenden MATLAB Befehlen das Achsenverhältnis und die abgestrahlte Leistung bei verschiedenen Frequenzpunkten berechnen oder auch komplette 3D-Richtcharakteristiken wie in Abbildung B.2 gezeigt, berechnen.

```
slot_d = 333e-6;
fc = 3e8/(2*slot_d*sqrt(11.9));
freq_range = 100e9:0.5e9:200e9;
anglevar= 0:10:180;

[ant] = createAntenna(fc, 45, 0);

TotEff = zeros(length(freq_range), 1);
for k=1:1:length(freq_range)
    if (freq_range(k) > fc)
        break;
    end
    [pat_val, pat_azimuth, pat_elevation] = pattern(ant, freq_range(k), 'Type', 'powerdb');
    tmp = max(pat_val);
```

```
    TotEff(k) = tmp(1);
end

[tmp1, tmp2] = max(TotEff);

for k=tmp2:1:length(freq_range)
    TotEff(k) = tmp1;
end

for k=1:1:length(freq_range)
    TotEff(k) = TotEff(k)-tmp1;
end

gain_degradation = zeros(length(freq_range), 1);
axial_ratio_db = zeros(length(freq_range), 1);

for k=1:1:length(freq_range)

    tmp = find(phaseDistribution130ghz(:,1) >= freq_range(k
        ));
    tmp = tmp(1);
    [ant] = createAntenna(freq_range(k), 45, 0);
    [pat_val, pat_azimuth, pat_elevation] = pattern(ant,
        freq_range(k), 'Type', 'powerdb');
    tmp2 = max(pat_val);
    [ant] = createAntenna(freq_range(k),
        phaseDistribution130ghz(tmp, 2)*(-1), 0);
    [pat_val, pat_azimuth, pat_elevation] = pattern(ant,
        freq_range(k), 'Type', 'powerdb');
    tmp3 = max(pat_val);
    gain_degradation(k) = (tmp2(1)-tmp3(1))*(-1);

end

GesamtLossOhneAR = TotEff + gain_degradation;
axial_ratio = power(10, axial_ratio_db/10);

rho_s = (1-axial_ratio)./(-axial_ratio-1);
axial_ratio_e = ones(length(freq_range), 1);
rho_e = (1-axial_ratio_e)./(-axial_ratio_e-1);
pol_angle = 0;
pol_loss = 10*log10((1+power(rho_s, 2).*power(rho_e, 2)+2*(
    rho_s.*rho_e)*cos(2*pol_angle))./((1+power(rho_s, 2))
    .*(1+power(rho_e, 2))));

GesamtLossMitAR = TotEff + gain_degradation + pol_loss;
```

Listing B.2: Berechnungen zur frequenzabhängigen abgestrahlten Leistung.

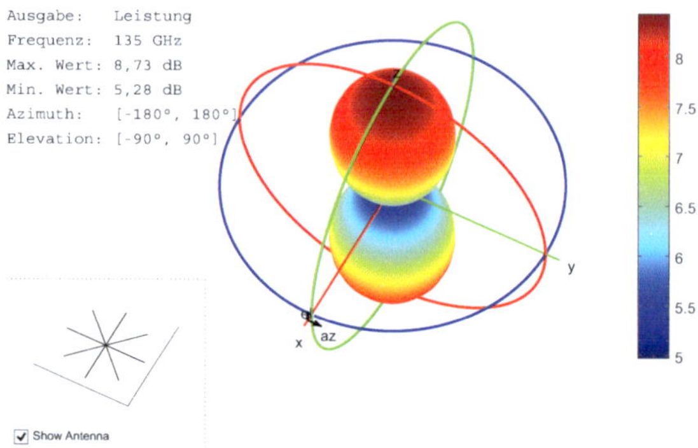

Abbildung B.2: 3D-Richtcharakteristik der Kreuzdipol-Antenne in MATLAB

Der Vergleich dieser einfachen idealen Kreuzdipol-Antenne erfolgt zu einer kompletten 3D-feldsimulierten integrierten Linsenantenne mit einem Primärstrahler mit acht Monopolen und einer hemisphärischen Silizium Linse mit einem Durchmesser von $L_{\mathrm{D}} = 6\,\mathrm{mm}$ und einer Höhe von $4\,\mathrm{mm}$ und ist in Abbildung B.3 gezeigt. Die Anpassschicht ist dabei mit dem Kleber Polytec TC 430-T realisiert. Mit einer Permittivität von 3,21 bei 140 GHz aus Tabelle 3.2 ergibt sich eine Schichtdicke von $d_{\mathrm{AS}} = 322\,\mu\mathrm{m}$.

(a) Primärstrahler

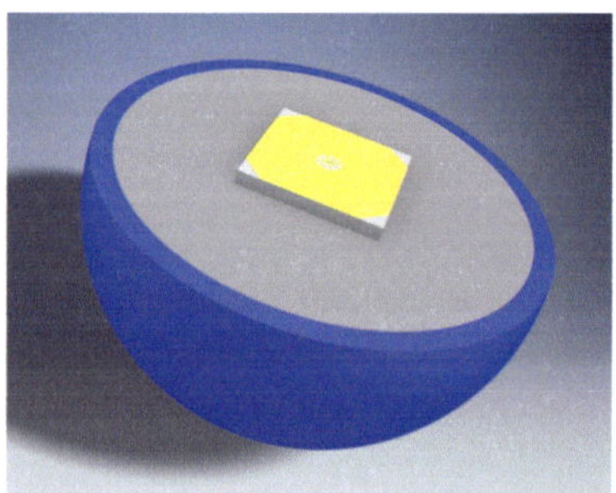

(b) Integrierte Linsenantenne

Abbildung B.3: 3D-Feldsimulationsmodell in CST.

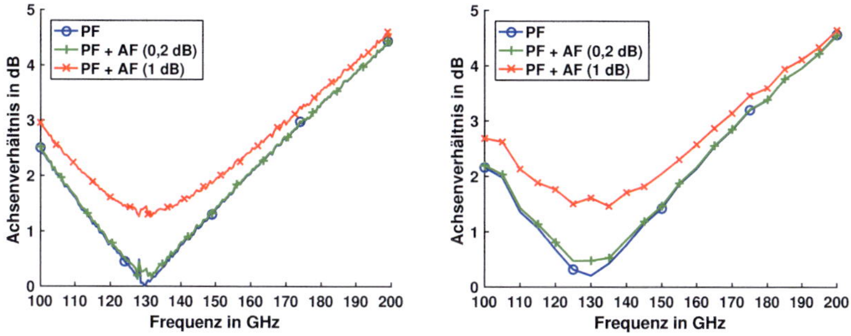

(a) MATLAB-Simulation (b) CST-Simulation

Abbildung B.4: Vergleich der simulierten Achsenverhältnisse.

Zunächst wird das Achsenverhältnis der beiden Antennen betrachtet und es kann in Abbildung B.4 gezeigt werden, dass die Übereinstimmung für verschiedene Phasenfehler (PF) und Amplitudenfehler (AF) exzellent ist.

Für den Vergleich der Verluste hinsichtlich der abgestrahlten Leistung wird auf die berechneten Verluste der MATLAB Kreuzdipol-Antenne die theoretisch berechnete Direktivität der Linse aufaddiert. Diese wird nach der Formel 3.4 für eine ILA-Effizienz von $\eta_{\text{ILA,ges}} = 80\,\%$ und einen Linsendurchmesser von $L_\text{D} = 6\,\text{mm}$ berechnet. Die Antenneneffizienz η des 3D-Simulationsmodells der ILA beträgt für den hier gezeigten Primärstrahler 91 %. Auch hier kann gezeigt werden, dass die Beschreibung der Schlitzantenne als Kreuzdipol-Antenne eine sehr gute Übereinstimmung aufweist. Die Betrachtungen in MATLAB berücksichtigen nicht das frequenzabhängige Phasenzentrum des Primärstrahlers und die Auswirkungen auf die integrierte Linsenantenne. Hierzu bedarf es einer kompletten 3D-Feldsimulation, da es auch von der Geometrie und Größe der Linse abhängig ist, inwieweit sich ein Versatz des Phasenzentrums auf die Richtcharakteristik der Antenne auswirkt. Durch den Versatz des Phasenzentrums folgt unweigerlich eine Verschiebung der Hauptstrahlrichtung aus der Hauptachse heraus. Diese Verschiebung wird, wie in Abbildung B.5 dargestellt, hauptsächlich durch den Phasenfehler ausgelöst. Für eine ideale Speisung, d.h. an allen Frequenzpunkten wird der 45° Phasenversatz von benachbarten Monopolen eingehalten, ergibt sich wie zu erwarten keine Verschiebung der Hauptstrahlrichtung über der Frequenz. Bei einer idealen Phasenverschiebung und einer Leistungsdifferenz von je 1 dB pro Monopol ergibt sich eine Verschiebung von ca. 1°, allerdings ist diese Verschiebung nahezu konstant über der Frequenz. Betrachtet man nur den Phasenfehler unter der Annahme, dass alle Monopole mit gleicher Signalamplitude gespeist werden, ergibt sich eine Verschiebung von 0,9° bei der oberen Grenzfrequenz $f_{\mathrm{c,max(-0,5dB)}}$. Abschließend gilt es zu klären, inwieweit die Verschiebung des Phasenzentrums bzw. der Hauptstrahlrichtung die Gesamtperformanz der Antenne weiter verschlechtern. Wie in Abbildung B.6 zu erkennen, scheint die abgestrahlte Leistung der integrierten Linsenantenne bei Frequenzen >170 GHz zusätzlichen Verlusten zu unterliegen, die eventuell auf das frequenzabhängige Phasenzentrum zurückzuführen sind. Es kann gezeigt werden, dass es sich um keine zusätzlichen Verluste handelt, sondern lediglich um den bereits bekannten Schwenk der Hauptstrahlrichtung bedingt durch das frequenzabhängig ändernde Phasenzentrum. Alle bisher vorgestellten realisierten Antennengewinne beschreiben die senkrecht zum IC gerichtete Abstrahlung, wobei in Abbildung B.7 zusätzlich der Maximalwert aus allen Raumrichtungen des realisierten Antennengewinns gezeigt ist. Man kann erkennen, dass sich ab ca. 165 GHz die Änderung des Phasenzentrums bemerkbar macht. Der Vergleich der Berechnung der Verluste aus CST und MATLAB bedingt durch den Phasenfehler des Speiserings kann mit Hilfe der 3D-Feldsimulation berechnet werden. Dazu wird die Antenne zunächst ideal ohne Phasen- und Amplitudenfehler gespeist, während in einer zweiten Simulation die Phasenfehler berücksichtigt werden. Die Differenz der beiden realisierten Gewinne in der senkrecht zum IC gerichteten Abstrahlrichtung berücksichtigen dabei die berechneten Verluste aus MATLAB.

Vergleicht man die beiden berechneten Verluste aus MATLAB und CST in Abbildung B.8, kann eine exzellente Übereinstimmung erreicht werden. Die hier vorgestellte Möglichkeit der Kreuzdipol-Antennen Beschreibung mittels MATLAB erlaubt es mit deutlich geringerem Simulationsaufwand (Faktor 2000) die Antennenperformanz für den jeweiligen Einsatzzweck vor dem eigentlichen ILA-Design zu prüfen. Zusätzlich erleichtert es die Erstellung des Simulationsmodells, da hier noch keinerlei Impedanzanpassung nötig ist und alles ideal betrachtet wird. Bei einer 3D-Feldsimulation muss direkt die Impedanzanpassung der Monopole berücksichtigt werden, andernfalls sind die hier durchgeführten Betrachtungen nicht zu bewerkstelligen.

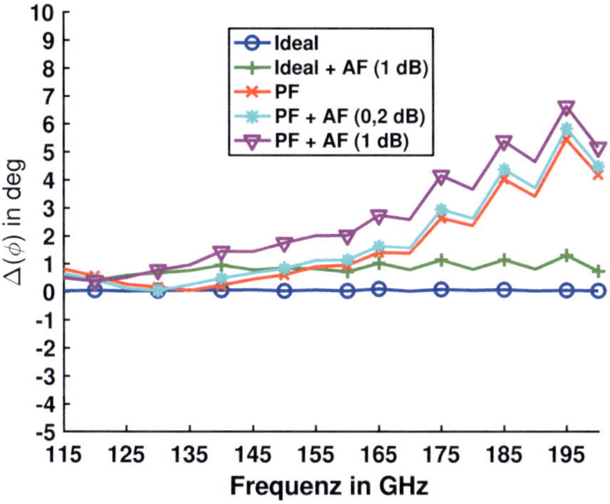

Abbildung B.5: Verschiebung der Hauptstrahlrichtung bezogen auf die Hauptachse, berechnet aus 3D-Feldsimulationen mit einer Silizium-Linse mit einem Durchmesser $L_{\mathrm{D}} = 6\,\mathrm{mm}$.

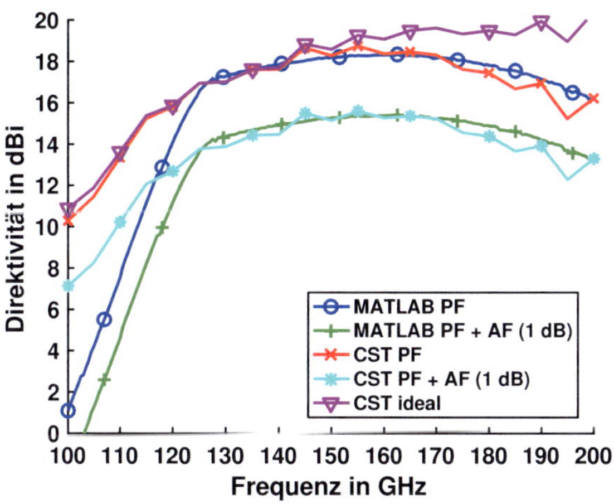

Abbildung B.6: Vergleich der simulierten Antennengewinne aus MATLAB und CST unter Berücksichtigung der Silizium-Linse mit einem Durchmesser $L_{\mathrm{D}} = 6\,\mathrm{mm}$.

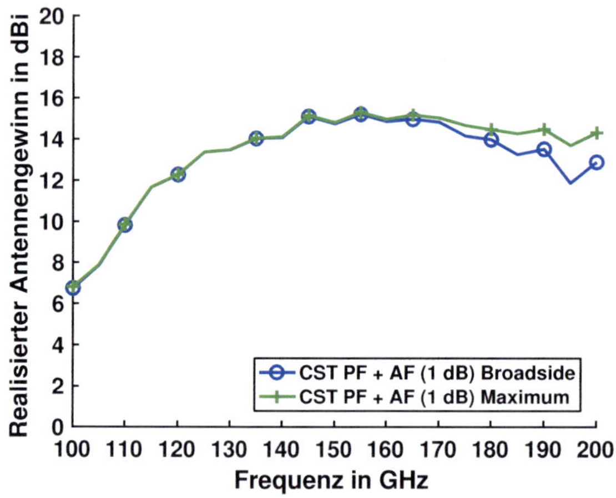

Abbildung B.7: Auswirkungen der Verschiebung der Hauptstrahlrichtung auf den realisierten Antennengewinn, berechnet aus 3D-Feldsimulationen mit einer Silizium-Linse mit einem Durchmesser $L_\mathrm{D} = 6\,\mathrm{mm}$.

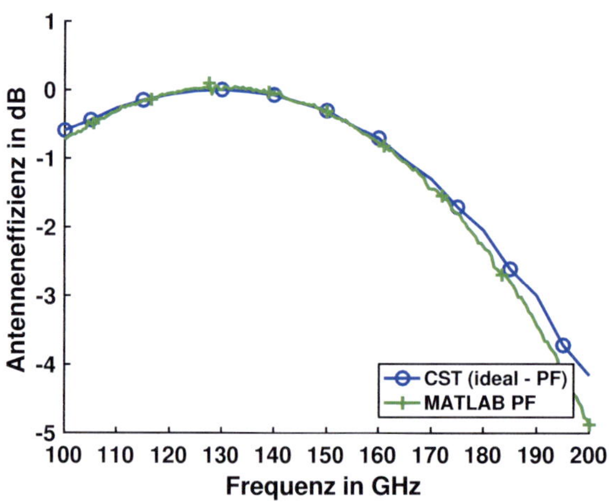

Abbildung B.8: Vergleich der berechneten Verluste aus CST und MATLAB.

Literaturverzeichnis

[ACC+11] Y. A. Atesal, B. Cetinoneri, M. Chang, R. Alhalabi, and G. M. Rebeiz. Millimeter-Wave Wafer-Scale Silicon BiCMOS Power Amplifiers Using Free-Space Power Combining. *IEEE Transactions on Microwave Theory and Techniques*, 59(4):954–965, April 2011.

[Ada10] Grzegorz Adamiuk. Methoden zur Realisierung von dual-orthogonal, linear polarisierten Antennen für die UWB-Technik. In *KIT Scientific Publishing*. KIT Scientific Publishing, Dissertation vom 19.07.2010.

[AJ84] N. Alexopoulos and D. Jackson. Fundamental Superstrate (cover) Effects on Printed Circuit Antennas. *IEEE Transactions on Antennas and Propagation*, 32(8):807–816, Aug 1984.

[ASB+98] B. Agarwal, A. E. Schmitz, J. J. Brown, M. Matloubian, M. G. Case, M. Le, M. Lui, and M. J. W. Rodwell. 112 GHz, 157 GHz, and 180 GHz InP HEMT Traveling-Wave Amplifiers. *IEEE Transactions on Microwave Theory and Techniques*, 46(12):2553–2559, Dec 1998.

[ASP+14] S. Ayhan, S. Scherr, P. Pahl, T. Kayser, M. Pauli, and T. Zwick. High-Accuracy Range Detection Radar Sensor for Hydraulic Cylinders. *IEEE Sensors Journal*, 14(3):734–746, March 2014.

[ATK+15] S. Ayhan, S. Thomas, N. Kong, S. Scherr, M. Pauli, T. Jaeschke, J. Wulfsberg, N. Pohl, and T. Zwick. Millimeter-Wave Radar Distance Measurements in Micro Machining. In *IEEE Topical Conference on Wireless Sensors and Sensor Networks (WiSNet)*, pages 65–68, Jan 2015.

[AvZJS16] B. B. Adela, P. T. M. van Zeijl, U. Johannsen, and A. B. Smolders. On-Chip Antenna Integration for Millimeter-Wave Single-Chip FMCW Radar, Providing High Efficiency and Isolation. *IEEE Transactions on Antennas and Propagation*, 64(8):3281–3291, Aug 2016.

[AZW12] G. Adamiuk, T. Zwick, and W. Wiesbeck. UWB Antennas for Communication Systems. *Proceedings of the IEEE*, 100(7):2308–2321, July 2012.

[Bee13] Stefan Beer. Methoden und Techniken zur Integration von 122 GHz Antennen in miniaturisierte Radarsensoren. In *KIT Scientific Publishing*. KIT Scientific Publishing, Dissertation vom 28.02.2013.

[BFBM06] M. Brunnbauer, E. Fürgut, G. Beer, and T. Meyer. Embedded Wafer Level Ball Grid Array (ewlb). In *8th Electronics Packaging Technology Conference*, pages 1–5, Dec 2006.

[BGG+16] A. Bhutani, H. Gulan, B. Goettel, C. Heine, T. Thelemann, M. Pauli, and T. Zwick. 122 GHz Aperture-Coupled Stacked Patch Microstrip Antenna in LTCC Technology. In *10th European Conference on Antennas and Propagation (EuCAP)*, pages 1–5, April 2016.

[BGK+06] A. Babakhani, X. Guan, A. Komijani, A. Natarajan, and A. Hajimiri. A 77 GHz Phased-Array Transceiver With On-Chip Antennas in Silicon: Receiver and Antennas. *IEEE Journal of Solid-State Circuits*, 41(12):2795–2806, Dec 2006.

[BGK15] K. W. Brown, D. M. Gritters, and H. Kazemi. W- and G-Band Solid State Power Combining. In *IEEE Compound Semiconductor Integrated Circuit Symposium (CSICS)*, pages 1–4, Oct 2015.

[BH13] S. M. Bowers and A. Hajimiri. Multi-Port Driven Radiators. *IEEE Transactions on Microwave Theory and Techniques*, 61(12):4428–4441, Dec 2013.

[BJVK90] J. Baker-Jarvis, E. J. Vanzura, and W. A. Kissick. Improved Technique for Determining Complex Permittivity with the Transmission/Reflection Method. *IEEE Transactions on Microwave Theory and Techniques*, 38(8):1096–1103, Aug 1990.

[BPJ+13] C. Bredendiek, N. Pohl, T. Jaeschke, K. Aufinger, and A. Bilgic. A 240 GHz Single-Chip Radar Transceiver in a SiGe Bipolar Technology with On-Chip Antennas and Ultra-Wide Tuning Range. In *IEEE Radio Frequency Integrated Circuits Symposium (RFIC)*, pages 309–312, June 2013.

[BRD+11] S. Beer, B. Ripka, S. Diebold, H. Gulan, C. Rusch, P. Pahl, and T. Zwick. Design and Measurement of Matched Wire Bond and Flip Chip Interconnects for D-Band System-in-Package Applications. In *IEEE MTT-S International Microwave Symposium Digest (MTT)*, pages 1–4, June 2011.

[BRG+13] S. Beer, C. Rusch, H. Gulan, B. Göttel, M. G. Girma, J. Hasch, W. Winkler, W. Debski, and T. Zwick. An Integrated 122 GHz Antenna Array With Wire Bond Compensation for SMT Radar Sensors. *IEEE Transactions on Antennas and Propagation*, 61(12):5976–5983, Dec 2013.

[But83] K.J. Button. *Infrared and Millimeter Waves V10: Millimeter Components and Techniques, Teil 2*. Elsevier Science, 1983.

[CAP11] D. J. Chung, A. L. Amadjikpe, and J. Papapolymerou. Multilayer Integration of Low-Cost 60 GHz Front-End Transceiver on Organic LCP. *IEEE Antennas and Wireless Propagation Letters*, 10:1329–1332, 2011.

[CKS+15] C. Cui, S. K. Kim, R. Song, J. H. Song, S. Nam, and B. S. Kim. A 77 GHz FMCW Radar System Using On-Chip Waveguide Feeders in 65 nm CMOS. *IEEE Transactions on Microwave Theory and Techniques*, 63(11):3736–3746, Nov 2015.

[DB15] S. Daneshgar and J. F. Buckwalter. A 22 dBm, 0.6 mm^2 D-Band SiGe HBT Power Amplifier Using Series Power Combining Sub-Quarter-Wavelength Baluns. In *IEEE Compound Semiconductor Integrated Circuit Symposium (CSICS)*, pages 1–4, Oct 2015.

[EBG$^+$17] J. Eisenbeis, F. Boes, B. Goettel, S. Malz, U. Pfeiffer, and T. Zwick. 30 Gbit/s Wireless Data Transmission with Fully Integrated 240 GHz Silicon Based Transmitter. In *IEEE Radio and Wireless Week 2017*, 2017.

[FAF$^+$16] M. Furqan, F. Ahmed, R. Feger, K. Aufinger, and A. Stelzer. A 120 GHz Wideband FMCW Radar Demonstrator Based on a Fully-Integrated SiGe Transceiver with Antenna-in-Package. In *IEEE MTT-S International Conference on Microwaves for Intelligent Mobility (ICMIM)*, pages 1–4, May 2016.

[FGR93] D. F. Filipovic, S. S. Gearhart, and G. M. Rebeiz. Double-Slot Antennas on Extended Hemispherical and Elliptical Silicon Dielectric Lenses. *IEEE Transactions on Microwave Theory and Techniques*, 41(10):1738–1749, Oct 1993.

[FTH$^+$14] A. Fischer, Z. Tong, A. Hamidipour, L. Maurer, and A. Stelzer. 77 GHz Multi-Channel Radar Transceiver With Antenna in Package. *IEEE Transactions on Antennas and Propagation*, 62(3):1386–1394, March 2014.

[GBR$^+$04] B. Gaucher, T. Beukema, S. Reynolds, B. Floyd, T. Zwick, U. Pfeiffer, D. Liu, and J. Cressler. mm-Wave Transceivers Using SiGe HBT Technology. In *Topical Meeting on Silicon Monolithic Integrated Circuits in RF Systems. Digest of Papers*, pages 81–84, Sept 2004.

[GC10] Y. X. Guo and H. Chu. High-Efficiency Millimeter-Wave Substrate Integrated Waveguide Silicon On-Chip Antennas Using Through Silicon Via. In *IEEE International Conference on Ultra-Wideband*, volume 1, pages 1–4, Sept 2010.

[GGB+15] B. Goettel, H. Gulan, A. Bhutani, M. Pauli, and T. Zwick. Ultra Broadband Multiple Feed Antenna for Efficient On-Chip Power Combining. In *IEEE International Symposium on Antennas and Propagation USNC/URSI National Radio Science Meeting*, pages 2037–2038, July 2015.

[GHS+12] M. G. Girma, J. Hasch, I. Sarkas, S. P. Voinigescu, and T. Zwick. 122 GHz Radar Sensor Based on a Monostatic SiGe-BiCMOS IC with an On-Chip Antenna. In *7th European Microwave Integrated Circuits Conference (EuMIC)*, pages 357–360, Oct 2012.

[GRRF13] Z. Griffith, T. Reed, M. Rodwell, and M. Field. A 220 GHz Solid-State Power Amplifier MMIC with 26.8 dB S21 Gain, and 55.5 mW Pout at 17.0 dB Compressed Gain. In *IEEE MTT-S International Microwave Symposium Digest (IMS)*, pages 1–3, June 2013.

[GSSP15a] J. Grzyb, K. Statnikov, N. Sarmah, and U. R. Pfeiffer. A Lens-Integrated On-Chip Circular Slot Antenna for a 240 GHz Power Source in SiGe Technology. In *IEEE International Symposium on Antennas and Propagation USNC/URSI National Radio Science Meeting*, pages 2055–2056, July 2015.

[GSSP15b] J. Grzyb, K. Statnikov, N. Sarmah, and U. R. Pfeiffer. A Wideband 240 GHz Lens-Integrated Circularly Ppolarized On-Chip Annular Slot Antenna for a FMCW Radar Transceiver Module in SiGe Technology. In *SBMO/IEEE MTT-S International Microwave and Optoelectronics Conference (IMOC)*, pages 1–4, Nov 2015.

[GURP13] Z. Griffith, M. Urtcaga, P. Rowell, and R. Pierson. A 227.5 GHz InP HBT SSPA MMIC with 101 mW Pout at 14 dB Compressed Gain and 4.04 % PAE. In *IEEE Compound Semiconductor Integrated Circuit Symposium (CSICS)*, pages 1–4, Oct 2013.

[GURP15] Z. Griffith, M. Urteaga, P. Rowell, and R. Pierson. A 6-10 mW Power Amplifier at 290-307.5 GHz in 250 nm InP HBT. *IEEE Microwave and Wireless Components Letters*, 25(9):597–599, Sept 2015.

[HP03] Ruey Bing Hwang and Song Tsuen Peng. Surface-Wave Suppression of Resonance-Type Periodic Structures. *IEEE Transactions on Antennas and Propagation*, 51(6):1221–1229, June 2003.

[HTS+12] J. Hasch, E. Topak, R. Schnabel, T. Zwick, R. Weigel, and C. Waldschmidt. Millimeter-Wave Technology for Automotive Radar Sensors in the 77 GHz Frequency Band. *IEEE Transactions on Microwave Theory and Techniques*, 60(3):845–860, March 2012.

[HWGH10] J. Hasch, U. Wostradowski, S. Gaier, and T. Hansen. 77 GHz Radar Transceiver with Dual Integrated Antenna Elements. In *German Microwave Conference Digest of Papers*, pages 280–283, March 2010.

[HWX+10] S. Hu, L. Wang, Y. Z. Xiong, J. Shi, B. Zhang, D. Zhao, T. G. Lim, and X. Yuan. Millimeter-Wave/THz Passive Components Design Using Through Silicon Via (tsv) Technology. In *Proceedings 60th Electronic Components and Technology Conference (ECTC)*, pages 520–523, June 2010.

[IEE03] IEEE. IEEE Standard Letter Designations for Radar-Frequency Bands. *IEEE Std 521-2002 (Revision of IEEE Std 521-1984)*, pages 1–3, 2003.

[Ima05] Y. Imanaka. *Multilayered Low Temperature Cofired Ceramics (LTCC) Technology*. Springer ebook collection / Chemistry and Materials Science 2005-2008. Springer, 2005.

[JBP13] T. Jaeschke, C. Bredendiek, and N. Pohl. A 240 GHz Ultra-Wideband FMCW Radar System with On-Chip Antennas for

High Resolution Radar Imaging. In *IEEE MTT-S International Microwave Symposium Digest (IMS)*, pages 1–4, June 2013.

[KAS+11] I. Kallfass, J. Antes, T. Schneider, F. Kurz, D. Lopez-Diaz, S. Diebold, H. Massler, A. Leuther, and A. Tessmann. All Active MMIC-Based Wireless Communication at 220 GHz. *IEEE Transactions on Terahertz Science and Technology*, 1(2):477–487, Nov 2011.

[KFKR12] T. Klein, M. Faassen, R. Kulke, and C. Rusch. A 77 GHz Radar Frontend in LTCC for Small Range, High Precision Industrial Applications. In *7th European Microwave Integrated Circuits Conference (EuMIC)*, pages 905–908, Oct 2012.

[KJK+15] J. Kim, S. Jeon, M. Kim, M. Urteaga, and J. Jeong. H-Band Power Amplifier Integrated Circuits Using 250 nm InP HBT Technology. *IEEE Transactions on Terahertz Science and Technology*, 5(2):215–222, March 2015.

[KJS13] B. Khamaisi, S. Jameson, and E. Socher. A 210-227 GHz Transmitter With Integrated On-Chip Antenna in 90 nm CMOS Technology. *IEEE Transactions on Terahertz Science and Technology*, 3(2):141–150, March 2013.

[KMS+14] Y. Kawano, H. Matsumura, S. Shiba, M. Sato, T. Suzuki, Y. Nakasha, T. Takahashi, K. Makiyama, and N. Hara. Flip Chip Assembly for Sub-Millimeter Wave Amplifier MMIC on Polyimide Substrate. In *IEEE MTT-S International Microwave Symposium (IMS2014)*, pages 1–4, June 2014.

[KMS+15] Y. Kawano, H. Matsumura, S. Shiba, M. Sato, T. Suzuki, Y. Nakasha, T. Takahashi, K. Makiyama, T. Iwai, and N. Hara. A 20 Gbit/s, 280 GHz Wireless Transmission in InPHEMT Based Receiver Module Using Flip-Chip Assembly. In *European Microwave Conference (EuMC)*, pages 562–565, Sept 2015.

[KMUP14] W. T. Khan, C. A. Donado Morcillo, A. C. Ulusoy, and J. Papapolymerou. Characterization of Liquid Crystal Polymer from 110 GHz to 170 GHz. In *IEEE Radio and Wireless Symposium (RWS)*, pages 157–159, Jan 2014.

[KPM+09] I. Kallfass, P. Pahl, H. Massler, A. Leuther, A. Tessmann, S. Koch, and T. Zwick. A 200 GHz Monolithic Integrated Power Amplifier in Metamorphic HEMT Technology. *IEEE Microwave and Wireless Components Letters*, 19(6):410–412, June 2009.

[Kuc07] H. Kuchling. *Taschenbuch der Physik*. Fachbuchverl. Leipzig im Carl-Hanser-Verlag, 2007.

[Kut14] Christoph Kutschker. Realisierung von 240 GHz On-Chip-Antennen zur Leistungskombinierung. Masterarbeit, Karlsruher Institut für Technologie (KIT) - IHE, 2014.

[LCP+16] S. Li, T. Chi, J. S. Park, W. T. Khan, H. Wang, and J. Papapolymerou. A Fully Packaged D-Band MIMO Transmitter Using High-Density Flip-Chip Interconnects on LCP Substrate. In *IEEE MTT-S International Microwave Symposium (IMS)*, pages 1–4, May 2016.

[LDM+13] J. Längst, S. Diebold, H. Massler, S. Wagner, A. Tessmann, A. Leuther, T. Zwick, and I. Kallfass. Balanced Medium Power Amplifier MMICs from 200 to 270 GHz. In *38th International Conference on Infrared, Millimeter, and Terahertz Waves (IRMMW-THz)*, pages 1–3, Sept 2013.

[LDT+05] R. Li, G. DeJean, M. M. Tentzeris, J. Papapolymerou, and J. Laskar. Radiation-Pattern Improvement of Patch Antennas on a Large-Size Substrate Using a Compact Soft-Surface Structure and its Realization on LTCC Multilayer Technology. *IEEE Transactions on Antennas and Propagation*, 53(1):200–208, Jan 2005.

[LFM+06] J. Lau, J. Fowler, T. Marriage, L. Page, J. Leong, E. Wishnow, R. Henry, E. Wollack, M. Halpern, D. Marsden, and G. Marsden. Millimeter-Wave Antireflection Coating for Cryogenic Silicon Lenses. *Applied Optics*, 45(16):3746–3751, Jun 2006.

[LJO+13] R. Li, C. Jin, S. C. Ong, T. G. Lim, K. F. Chang, and S. W. Ho. Embedded Wafer Level Packaging for 77 GHz Automotive Radar Front-End With Through Silicon Via and its 3-d Integration. *IEEE Transactions on Components, Packaging and Manufacturing Technology*, 3(9):1481–1488, Sept 2013.

[LR14a] H. C. Lin and G. M. Rebeiz. A 110-134 GHz SiGe Amplifier With Peak Output Power of 100-120 mW. *IEEE Transactions on Microwave Theory and Techniques*, 62(12):2990–3000, Dec 2014.

[LR14b] H. C. Lin and G. M. Rebeiz. A 112-134 GHz SiGe Amplifier with Peak Output Power of 120 mW. In *IEEE Radio Frequency Integrated Circuits Symposium*, pages 163–166, June 2014.

[LSYY13] P. Li, Y. Shang, H. Yu, and M. Yu. A Wideband 150 GHz Antenna by 3d-tsv Based Composite Right/Left Handed Transmission Line for Sub-THz Biomedical Imaging. In *IEEE MTT-S International Microwave Workshop Series on RF and Wireless Technologies for Biomedical and Healthcare Applications (IMWS-BIO)*, pages 1–3, Dec 2013.

[Mil05] T. A. Milligan. *Modern Antenna Design*. Wiley-IEEE Press, 2005.

[PDP12] C. E. Patterson, D. Dawn, and J. Papapolymerou. A W-Band CMOS PA Encapsulated in an Organic Flip-Chip Package. In *IEEE MTT-S International Microwave Symposium Digest (MTT)*, pages 1–3, June 2012.

[Per10] C. Person. Antennas on Silicon for Millimeterwave Applications - Status and trends. In *IEEE Bipolar/BiCMOS Circuits and Technology Meeting (BCTM)*, pages 180–183, Oct 2010.

[PGL+06] U. R. Pfeiffer, J. Grzyb, Duixian Liu, B. Gaucher, T. Beukema, B. A. Floyd, and S. K. Reynolds. A Chip-Scale Packaging Technology for 60 GHz Wireless Chipsets. *IEEE Transactions on Microwave Theory and Techniques*, 54(8):3387–3397, Aug 2006.

[PJS+13] N. Pohl, T. Jaschke, S. Scherr, S. Ayhan, M. Pauli, T. Zwick, and T. Musch. Radar Measurements with Micrometer Accuracy and Nanometer Stability Using an Ultra-Wideband 80 GHz Radar System. In *IEEE Topical Conference on Wireless Sensors and Sensor Networks (WiSNet)*, pages 31–33, Jan 2013.

[PMH68] R. A. Pucel, D. J. Masse, and C. P. Hartwig. Losses in Microstrip. *IEEE Transactions on Microwave Theory and Techniques*, 16(6):342–350, Jun 1968.

[Poz83] D. Pozar. Considerations for Millimeter Wave Printed Antennas. *IEEE Transactions on Antennas and Propagation*, 31(5):740–747, Sep 1983.

[PS09] J. G. Proakis and M. Salehi. *Digital Communications*. McGraw-Hilll higher education. McGraw-Hill, Boston [u.a.], 5. ed., internat. ed., [nachdr.] edition, 2009. ISBN in der Vorlage: 978-007-126378-8 und 007-126378-0.

[PWM+15] P. Pahl, S. Wagner, H. Massler, S. Diebold, A. Leuther, I. Kallfass, and T. Zwick. A 50 to 146 GHz Power Amplifier Based on Magnetic Transformers and Distributed Gain Cells. *IEEE Microwave and Wireless Components Letters*, 25(9):615–617, Sept 2015.

[PZDA08] E. Perret, N. Zerounian, S. David, and F. Aniel. Complex Permittivity Characterization of Benzocyclobutene for Terahertz Applications. *Microelectronic Engineering*, 85(11):2276 – 2281, 2008.

[RDL+10] V. Radisic, W. R. Deal, K. M. K. H. Leong, X. B. Mei, W. Yoshida, P. H. Liu, J. Uyeda, A. Fung, L. Samoska, T. Gaier, and R. Lai. A 10 mW Submillimeter-Wave Solid-State Power-Amplifier Module. *IEEE Transactions on Microwave Theory and Techniques*, 58(7):1903–1909, July 2010.

[Rec06] J. Rech. *Wireless LANs : 802.11-WLAN-Technologie und praktische Umsetzung im Detail.* Heise, Hannover, 2., aktual. und erw. aufl. edition, 2006.

[RLM+10] V. Radisic, K. M. K. H. Leong, X. Mei, S. Sarkozy, W. Yoshida, P. H. Liu, J. Uyeda, R. Lai, and W. R. Deal. A 50 mW 220 GHz Power Amplifier Module. In *IEEE MTT-S International Microwave Symposium Digest (MTT)*, pages 45–48, May 2010.

[RLS+12] V. Radisic, K. M. K. H. Leong, S. Sarkozy, X. Mei, W. Yoshida, P. H. Liu, W. R. Deal, and R. Lai. 220 GHz Solid-State Power Amplifier Modules. *IEEE Journal of Solid-State Circuits*, 47(10):2291–2297, Oct 2012.

[Rut85] D. Rutledge. Substrate-Lens Coupled Antennas for Millimeter and Submillimeter Waves. *IEEE Antennas and Propagation Society Newsletter*, 27(4):4–8, August 1985.

[SAG+14] S. Scherr, S. Ayhan, H. Gulan, M. Pauli, and T. Zwick. 61 GHz ISM Band FMCW Radar for Applications Requiring High Accuracy. In *Asia-Pacific Microwave Conference*, pages 1118–1120, Nov 2014.

[SALP16] N. Sarmah, K. Aufinger, R. Lachner, and U. R. Pfeiffer. A 200-225 GHz SiGe Power Amplifier with Peak Psat of 9.6 dBm Using Wideband Power Combination. In *42nd European Solid-State Circuits Conference*, pages 193–196, Sept 2016.

[Sam11] L. A. Samoska. An Overview of Solid-State Integrated Circuit Amplifiers in the Submillimeter-Wave and THz Regime. *IEEE Transactions on Terahertz Science and Technology*, 1(1):9–24, Sept 2011.

[Sch15] Daniel Schindler. Zirkular polarisierte on-Chip Antennen mittels verteilten Verstärkern. Masterarbeit, Karlsruher Institut für Technologie (KIT) - IHE, 2015.

[SGA+15] S. Scherr, B. Göttel, S. Ayhan, A. Bhutani, M. Pauli, W. Winkler, J. C. Scheytt, and T. Zwick. Miniaturized 122 GHz ISM Band FMCW Radar With Micrometer Accuracy. In *European Radar Conference (EuRAD)*, pages 277–280, Sept 2015.

[SGS+16] N. Sarmah, J. Grzyb, K. Statnikov, S. Malz, P. Rodriguez Vazquez, W. Föerster, B. Heinemann, and U. R. Pfeiffer. A Fully Integrated 240 GHz Direct-Conversion Quadrature Transmitter and Receiver Chipset in SiGe Technology. *IEEE Transactions on Microwave Theory and Techniques*, 64(2):562–574, Feb 2016.

[SRdP15] G. A. Siles, J. M. Riera, and P. Garcia del Pino. Atmospheric Attenuation in Wireless Communication Systems at Millimeter and THz Frequencies [wireless Corner]. *IEEE Antennas and Propagation Magazine*, 57(1):48–61, Feb 2015.

[SSG+14] K. Statnikov, N. Sarmah, J. Grzyb, S. Malz, B. Heinemann, and U. R. Pfeiffer. A 240 GHz Circular Polarized FMCW Radar Based on a SiGe Transceiver with a Lens-Integrated On-Chip Antenna. In *11th European Radar Conference (EuRAD)*, pages 447–450, Oct 2014.

[SSS+13] J. C. Scheytt, Y. Sun, K. Schmalz, Y. Mao, R. Wang, W. Debski, and W. Winkler. Towards mm-wave System-On-Chip with Integrated Antennas for Low-Cost 122 and 245 GHz Radar Sensors. In *IEEE 13th Topical Meeting on Silicon Monolithic Integrated Circuits in RF Systems (SiRF)*, pages 246–248, Jan 2013.

[Sti77] E. Stirner. *Antennen: Grundlagen*. Antennen / Edmund Stirner. Hüthig, 1977.

[TCM+13] E. Topak, J. Y. Choi, T. Merkle, S. Koch, S. Saito, C. Landesberger, R. Faul, and K. Bock. Broadband Interconnect

Design for Silicon-Bbased System-in-Package Applications up to 170 GHz. In *European Microwave Conference (EuMC)*, pages 116–119, Oct 2013.

[TFSM12] Z. Tong, A. Fischer, A. Stelzer, and L. Maurer. Bandwidth and Gain Enhancement of Antenna in Package. In *IEEE 21st Conference on Electrical Performance of Electronic Packaging and Systems*, pages 149–152, Oct 2012.

[TPH+11] D. Hoang Tien, Joonkyu Park, Sang A Han, Muneer Ahmad, Yongho Seo, and Koo Shin. Electrical and Thermal Conductivities of Stycast 1266 Epoxy/Graphite Composites, 2011.

[TRK12] R. Tummala, E.J. Rymaszewski, and A.G. Klopfenstein. *Microelectronics Packaging Handbook: Technology Drivers*. Number Teil 1. Springer US, 2012.

[TSY16] T. Tajima, H. J. Song, and M. Yaita. Compact THz LTCC Receiver Module for 300 GHz Wireless Communications. *IEEE Microwave and Wireless Components Letters*, 26(4):291–293, April 2016.

[vdV99] Maarten Johannes Maria van der Vorst. Integrated Lens Antennas for Submillimetre-Wave Applications. In *Technische Universiteit Eindhoven*. Technische Universiteit Eindhoven, Disseration vom 15.04.1999.

[vdVdMH99] M. J. M. van der Vorst, P. J. I. de Maagt, and M. H. A. J. Herben. Effect of Iternal Reflections on the Radiation Properties and Input Admittance of Integrated Lens Antennas. *IEEE Transactions on Microwave Theory and Techniques*, 47(9):1696–1704, Sep 1999.

[WCN+14] Z. Wang, P. Y. Chiang, P. Nazari, C. C. Wang, Z. Chen, and P. Heydari. A CMOS 210 GHz Fundamental Transceiver With OOK Modulation. *IEEE Journal of Solid-State Circuits*, 49(3):564–580, March 2014.

[Whe77] H. A. Wheeler. Transmission-Line Properties of a Strip on a Dielectric Sheet on a Plane. *IEEE Transactions on Microwave Theory and Techniques*, 25(8):631–647, Aug 1977.

[WLB+11] M. Wojnowski, R. Lachner, J. Böck, C. Wagner, F. Starzer, G. Sommer, K. Pressel, and R. Weigel. Embedded Wafer Level Ball Grid Array (ewlb) Technology for Millimeter-Wave Applications. In *IEEE 13th Electronics Packaging Technology Conference (EPTC)*, pages 423–429, Dec 2011.

[WS11] X. Wang and A. Stelzer. A 79 GHz LTCC RF-Frontend for Short-Range Applications. In *IEEE MTT-S International Microwave Symposium Digest (MTT)*, pages 1–4, June 2011.

[WS15] X. Wang and A. Stelzer. 79 GHz LTCC RF-Frontend Deploying 45 degree Linear-Polarized Vertical Parallel-Feed Antennas. In *IEEE MTT-S International Conference on Microwaves for Intelligent Mobility (ICMIM)*, pages 1–4, April 2015.

[YKG+12] Y. Yan, Y. B. Karandikar, S. E. Gunnarsson, M. Urteaga, R. Pierson, and H. Zirath. 340 GHz Integrated Receiver in 250 nm InP DHBT Technology. *IEEE Transactions on Terahertz Science and Technology*, 2(3):306–314, May 2012.

[YMZ+16] Xiaofan Yang, Peng Mei, Yonghu Zeng, Xianqi Lin, and Liandong Wang. Research on the Atmospheric Attenuation of THz Wave at any Heights Based on Fitting Method. In *IEEE MTT-S International Microwave Workshop Series on Advanced Materials and Processes for RF and THz Applications (IMWS-AMP)*, pages 1–3, July 2016.

[ZDW+12] C. Zech, S. Diebold, S. Wagner, M. Schlechtweg, A. Leuther, O. Ambacher, and I. Kallfass. An Ultra-Broadband Low-Noise Traveling-Wave Amplifier Based on 50 nm InGaAs mhemt Technology. In *The 7th German Microwave Conference*, pages 1–4, March 2012.

Internetquellen

[Cor] CORPORATION, Rogers: *TMM Thermoset Microwave Materials.* https://www.rogerscorp.com/documents/728/acs/TMM-Thermoset-laminate-data-sheet-TMM3-TMM4-TMM6-TMM10-TMM10i-TMM13i.pdf, Abruf: 22.10.2016

[Dat] DATENBLATT: *Polytec TC 430-T.* http://www.polytec-pt.com/de/produkte/epoxidklebstoffe/thermisch-leitende-klebstoffe/, Abruf: 22.10.2016

[Des] DESIGN, Electronic: *Millimeter Waves Will Expand The Wireless Future.* http://electronicdesign.com/communications/millimeter-waves-will-expand-wireless-future, Abruf: 22.10.2016

[Dev] DEVICES, Analog: *HMC3587.* http://www.analog.com/en/products/amplifiers/rf-amplifiers/hmc3587.html, Abruf: 22.10.2016

[DP] DFG-PROJEKT: *SPP 1655 Wireless 100 Gb/s and beyond - Real100G.RF.* http://www.wireless100gb.de/project_10.html, Abruf: 22.10.2016

[Gmba] GMBH, Premix E.: *Hochfrequenz-Materialien.* http://www.premixgroup.de/product-cats/hf-plastics/hochfrequenz-materialien/, Abruf: 22.10.2016

[Gmbb] GMBH, Silicon R.: *120 GHz Highly Integrated IQ Transceiver with Antennas in Package.* http://www.siliconradar.com/datasheets/160721_Datenblatt_TRX_120G.pdf, Abruf: 22.10.2016

[Hua] HUAWEI: *E-band Microwave.* http://www1.huawei.com/en/solutions/broader-smarter/hw-196711.htm, Abruf: 22.10.2016

[Infa] INFINEON: *BGT24MTR11 Radar-Frontend.* http://www.infineon.com/cms/de/product/rf-and-wireless-control/mm-wave-mmic/24-ghz-radar-industrial/BGT24MTR11/productType.htm, Abruf: 22.10.2016

[Infb] INFINEON: *BGT60 Kommunikations-Frontend.* http://www.infineon.com/cms/en/product/rf-and-wireless-control/mm-wave-mmic/mmw-backhaul-and-fronthaul/BGT60/productType.html, Abruf: 22.10.2016

[IR] IPC-RICHTLINIE: *Baugruppenfertigung.* http://www.fed.de/downloads/IPC_Standards_Baugruppenfertigung_2015.pdf, Abruf: 22.10.2016

[ITU] ITU: *Open Systems Interconnection – Basic Reference Model: The basic model.* http://handle.itu.int/11.1002/1000/2820, Abruf: 22.10.2016

[Tyd] TYDEX: *Silicon Datenblatt.* http://www.tydexoptics.com/pdf/Si.pdf, Abruf: 22.10.2016

Eigene Publikationen

Journalbeiträge

[1] S. Ayhan, M. Pauli, S. Scherr, B. Göttel, A. Bhutani, S. Thomas, T. Jaeschke, J. M. Panel, F. Vivier, L. Eymard, A. Weill, N. Pohl, and T. Zwick. Millimeter Wave Radar Sensor for Snow Height and Thickness Measurements. *IEEE Transactions on Geoscience and Remote Sensing*, 55(2):854–861, Feb 2017.

[2] S. Beer, C. Rusch, H. Gulan, B. Göttel, M. G. Girma, J. Hasch, W. Winkler, W. Debski, and T. Zwick. An Integrated 122 GHz Antenna Array With Wire Bond Compensation for SMT Radar Sensors. *IEEE Transactions on Antennas and Propagation*, 61(12):5976–5983, Dec 2013.

[3] A. Bhutani, B. Goettel, T. Thelemann, and T. Zwick. CPW-to-SL transition in LTCC technology. *Electronics Letters*, 53(9):609–611, 2017.

[4] B. Goettel, P. Pahl, C. Kutschker, S. Malz, U. R. Pfeiffer, and T. Zwick. Active Multiple Feed on-Chip Antennas with Efficient In-Antenna Power Combining Operating at 200-320 GHz. *IEEE Transactions on Antennas and Propagation*, 65(2):416–423, Feb 2017.

[5] B. Goettel, W. Winkler, A. Bhutani, F. Boes, M. Pauli, and T. Zwick. Packaging Solution for a Millimeter-Wave System-on-Chip Radar. *IEEE Transactions on Componentes, Packaging and Manufacturing Technology*, pages 1–7, submitted 11.06.2017.

[6] S. Malz, B. Goettel, J. Eisenbeis, F. Boes, J. Grzyb, P. R. Vazquez, T. Zwick, and U. R. Pfeiffer. Real100G.RF: A fully packaged 240 GHz Transmitter with Free-Space Power Combining Antenna in 0.13 µm SiGe Technology. *De Gruyter FREQUENZ*, pages 1–12, accepted for publication 2017.

[7] M. Pauli, B. Göttel, S. Scherr, A. Bhutani, S. Ayhan, W. Winkler, and T. Zwick. Miniaturized Millimeter-Wave Radar Sensor for High-Accuracy Applications. *IEEE Transactions on Microwave Theory and Techniques*, 65(5):1707–1715, May 2017.

[8] M. Seyyed-Esfahlan, M. Kaynak, B. Göttel, and I. Tekin. SiGe Process Integrated On-Chip Dipole Antenna on Finite-Size Ground Plane. *IEEE Antennas and Wireless Propagation Letters*, 12:1260–1263, 2013.

Patente

[9] B. Göttel, T. Zwick, M. Pauli, T. Blank, and S.Beer. DE 102012025433 B4 - Verfahren zur Gehäusung von Submillimeterwellen-Halbleiterschaltungen sowie mit dem Verfahren herstellbares Halbleitermodul. (DE 102012025433 B4), erteilt am 01.10.2015.

Konferenzbeiträge

[10] S. Beer, B. Göttel, H. Gulan, C. Rusch, and T. Zwick. A 122 GHz Four Element Patch Array Fed by Electromagnetic Coupling. In *IEEE MTT-S International Microwave Workshop Series on Millimeter Wave Wireless Technology and Applications (IMWS)*, pages 1–4, Sept 2012.

[11] S. Beer, B. Göttel, C. Rusch, H. Gulan, and T. Zwick. Off-Chip Antenna Designs for Fully Integrated, Low-Cost Millimeter-Wave Transceivers. In *International Workshop on Antenna Technology (iWAT)*, pages 199–202, March 2013.

[12] S. Beer, C. Rusch, B. Göttel, H. Gulan, and T. Zwick. D-Band Grid-Array Antenna Integrated in the Lid of a Surface-Mountable Chip-Package. In *7th European Conference on Antennas and Propagation (EuCAP)*, pages 1318–1322, April 2013.

[13] A. Bhutani, B. Goettel, T. Streitz, S. Scherr, W. Winkler, and T. Zwick. Low-Cost Antenna-In-Package Solution for 122 GHz Radar Module.

In *46th European Microwave Conference (EuMC)*, pages 1469–1472, Oct 2016.

[14] A. Bhutani, B. Göttel, D. Müller, and T. Zwick. Novel Planar Electromagnetic Bandgap for Mutual Coupling Reduction Between Patch Antennas. In *German Microwave Conference*, pages 76–79, March 2015.

[15] A. Bhutani, H. Gulan, B. Goettel, C. Heine, T. Thelemann, M. Pauli, and T. Zwick. 122 GHz Aperture-Coupled Stacked Patch Microstrip Antenna in LTCC Technology. In *10th European Conference on Antennas and Propagation (EuCAP)*, pages 1–5, April 2016.

[16] S. Diebold, P. Pahl, B. Goettel, H. Massler, A. Tessmann, A. Leuther, T. Zwick, and I. Kallfass. A 130 to 160 GHz Broadband Power Amplifier with Binary Power Splitting Topology. In *Asia Pacific Microwave Conference Proceedings*, pages 442–444, Dec 2012.

[17] J. Eisenbeis, F. Boes, B. Goettel, S. Malz, U. Pfeiffer, and T. Zwick. 30 Gbps Wireless Data Transmission with Fully Integrated 240 GHz Silicon Based Transmitter. In *IEEE Radio and Wireless Week 2017*, 2017.

[18] B. Goettel, H. Gulan, A. Bhutani, M. Pauli, and T. Zwick. Ultra Broadband Multiple Feed Antenna for Efficient On-Chip Power Combining. In *IEEE International Symposium on Antennas and Propagation USNC/URSI National Radio Science Meeting*, pages 2037–2038, July 2015.

[19] B. Goettel, H. Gulan, and T. Zwick. Multiple-Feed On-Chip Radiators for In-AntennaPower-Combining. In *International Workshop on Antenna Technology (iWAT)*, page 1, March 2016.

[20] B. Goettel, S. Malz, U. Pfeiffer, and T. Zwick. Multiple-Feed On-Chip Antennas for 100 Gbit/s Wireless Systems. In *German Microwave Conference*, page 1, March 2016.

[21] B. Goettel, D. Mueller, H. Gulan, A. Bhutani, and T. Zwick. Active Multiple-Feed On-Chip Radiator with In-Antenna Power-Combining

Approach. In *10th European Conference on Antennas and Propagation (EuCAP)*, pages 1–5, April 2016.

[22] B. Goettel, J. Schaefer, H. Gulan, W. Winkler, and T. Zwick. Double Circularly Polarized On-Chip Antenna for a 120-130 GHz Amplitude Monopulse Radar. In *46th European Microwave Conference (EuMC)*, pages 1556–1559, Oct 2016.

[23] B. Goettel, J. Schäfer, A. Bhutani, H. Gulan, and T. Zwick. In-Antenna Power-Combining Methods. In *2017 11th European Conference on Antennas and Propagation (EUCAP)*, pages 2776–2730, March 2017.

[24] B. Göttel, S. Beer, H. Gulan, and T. Zwick. Ultra Broadband Millimeter-Wave Antenna Fabricated on Flexible Substrate. In *IEEE Antennas and Propagation Society International Symposium (APSURSI)*, pages 5–6, July 2013.

[25] B. Göttel, S. Beer, M. Pauli, and T. Zwick. Ultra Wideband D-Band Antenna Integrated in a LTCC Based QFN Package Using a Flip-Chip Interconnect. In *European Microwave Conference (EuMC)*, pages 227–230, Oct 2013.

[26] B. Göttel, M. Pauli, H. Gulan, M. Girma, J. Hasch, and T. Zwick. Miniaturized 122 GHz Short Range Radar Sensor with Antenna-in-Package (AiP) and Dielectric Lens. In *The 8th European Conference on Antennas and Propagation (EuCAP 2014)*, pages 709–713, April 2014.

[27] B. Göttel, M. Pauli, and T. Zwick. Aperture Coupled Antenna for 122.5 GHz Applications with Off-Chip Parasitic Patch. In *The 8th European Conference on Antennas and Propagation (EuCAP 2014)*, pages 206–209, April 2014.

[28] B. Göttel, Y. L. Sit, H. Gulan, M. Pauli, and T. Zwick. 215-240 GHz Aperture Coupled Antenna for Dielectric Lens Applications. In *Asia-Pacific Microwave Conference*, pages 363–365, Nov 2014.

[29] H. Gulan, S. Beer, S. Diebold, P. Pahl, B. Goettel, and T. Zwick. CPW Fed 2x2 Patch Array for D-Band System-in-Package Applications. In

IEEE International Workshop on Antenna Technology (iWAT), pages 64–67, March 2012.

[30] H. Gulan, S. Marahrens, C. Rusch, B. Goettel, and T. Zwick. Bifocal Wide Angle Lens with Optimized Construction Algorithm for 60 GHz. In *International Workshop on Antenna Technology: Small Antennas, Novel EM Structures and Materials, and Applications (iWAT)*, pages 43–46, March 2014.

[31] S. Scherr, B. Göttel, S. Ayhan, A. Bhutani, M. Pauli, W. Winkler, J. C. Scheytt, and T. Zwick. Miniaturized 122 GHz ISM Band FMCW Radar with Micrometer Accuracy. In *European Radar Conference (EuRAD)*, pages 277–280, Sept 2015.

[32] C. v. Vangerow, B. Goettel, H. J. Ng, D. Kissinger, and T. Zwick. Circuit Building Blocks for Efficient In-Antenna Power Combining at 240 GHz with non-50 Ohm Amplifier Matching Impedance. In *2017 IEEE Radio Frequency Integrated Circuits Symposium (RFIC)*, pages 320–323, June 2017.

[33] R. Wang, Y. Sun, M. Kaynak, J. Borngräber, B. Goettel, S. Beer, and J. C. Scheytt. 122 GHz Patch Antenna Designs by Using BCB Above SiGe BiCMOS Wafer Process for System-on-Chip Applications. In *IEEE 24th Annual International Symposium on Personal, Indoor, and Mobile Radio Communications (PIMRC)*, pages 1392–1396, Sept 2013.

Preise

[34] B. Goettel, S. Malz, and P. Pahl. Design Contest Winner 10 Years MPW Cooperation IHP and EUROPRACTICE with In-Antenna Power Combining using IHP SG13G2 Technology. 15.12.2014.

Forschungsberichte aus dem Institut für Höchstfrequenztechnik und Elektronik (IHE) der Universität Karlsruhe (TH)
(ISSN 0942-2935)

Herausgeber: Prof. Dr.-Ing. Dr. h.c. Dr.-Ing. E.h. mult. Werner Wiesbeck

Band 1	Daniel Kähny **Modellierung und meßtechnische Verifikation polarimetrischer, mono- und bistatischer Radarsignaturen und deren Klassifizierung (1992)**
Band 2	Eberhardt Heidrich **Theoretische und experimentelle Charakterisierung der polarimetrischen Strahlungs- und Streueigenschaften von Antennen (1992)**
Band 3	Thomas Kürner **Charakterisierung digitaler Funksysteme mit einem breitbandigen Wellenausbreitungsmodell (1993)**
Band 4	Jürgen Kehrbeck **Mikrowellen-Doppler-Sensor zur Geschwindigkeits- und Wegmessung – System-Modellierung und Verifikation (1993)**
Band 5	Christian Bornkessel **Analyse und Optimierung der elektrodynamischen Eigenschaften von EMV-Absorberkammern durch numerische Feldberechnung (1994)**
Band 6	Rainer Speck **Hochempfindliche Impedanzmessungen an Supraleiter / Festelektrolyt-Kontakten (1994)**
Band 7	Edward Pillai **Derivation of Equivalent Circuits for Multilayer PCB and Chip Package Discontinuities Using Full Wave Models (1995)**
Band 8	Dieter J. Cichon **Strahlenoptische Modellierung der Wellenausbreitung in urbanen Mikro- und Pikofunkzellen (1994)**

Band 9 Gerd Gottwald
Numerische Analyse konformer Streifenleitungsantennen in mehrlagigen Zylindern mittels der Spektralbereichsmethode (1995)

Band 10 Norbert Geng
Modellierung der Ausbreitung elektromagnetischer Wellen in Funksystemen durch Lösung der parabolischen Approximation der Helmholtz-Gleichung (1996)

Band 11 Torsten C. Becker
Verfahren und Kriterien zur Planung von Gleichwellennetzen für den Digitalen Hörrundfunk DAB (Digital Audio Broadcasting) (1996)

Band 12 Friedhelm Rostan
Dual polarisierte Microstrip-Patch-Arrays für zukünftige satellitengestützte SAR-Systeme (1996)

Band 13 Markus Demmler
Vektorkorrigiertes Großsignal-Meßsystem zur nichtlinearen Charakterisierung von Mikrowellentransistoren (1996)

Band 14 Andreas Froese
Elektrochemisches Phasengrenzverhalten von Supraleitern (1996)

Band 15 Jürgen v. Hagen
Wide Band Electromagnetic Aperture Coupling to a Cavity: An Integral Representation Based Model (1997)

Band 16 Ralf Pötzschke
Nanostrukturierung von Festkörperflächen durch elektrochemische Metallphasenbildung (1998)

Band 17 Jean Parlebas
Numerische Berechnung mehrlagiger dualer planarer Antennen mit koplanarer Speisung (1998)

Band 18 Frank Demmerle
Bikonische Antenne mit mehrmodiger Anregung für den räumlichen Mehrfachzugriff (SDMA) (1998)

Band 19 Eckard Steiger
Modellierung der Ausbreitung in extrakorporalen Therapien eingesetzter Ultraschallimpulse hoher Intensität (1998)

Band 20 Frederik Küchen
Auf Wellenausbreitungsmodellen basierende Planung terrestrischer COFDM-Gleichwellennetze für den mobilen Empfang (1998)

Band 21 Klaus Schmitt
Dreidimensionale, interferometrische Radarverfahren im Nahbereich und ihre meßtechnische Verifikation (1998)

Band 22 Frederik Küchen, Torsten C. Becker, Werner Wiesbeck
Grundlagen und Anwendungen von Planungswerkzeugen für den digitalen terrestrischen Rundfunk (1999)

Band 23 Thomas Zwick
Die Modellierung von richtungsaufgelösten Mehrwegegebäudefunkkanälen durch markierte Poisson-Prozesse (2000)

Band 24 Dirk Didascalou
Ray-Optical Wave Propagation Modelling in Arbitrarily Shaped Tunnels (2000)

Band 25 Hans Rudolf
Increase of Information by Polarimetric Radar Systems (2000)

Band 26 Martin Döttling
Strahlenoptisches Wellenausbreitungsmodell und Systemstudien für den Satellitenmobilfunk (2000)

Band 27 Jens Haala
Analyse von Mikrowellenheizprozessen mittels selbstkonsistenter finiter Integrationsverfahren (2000)

Band 28 Eberhard Gschwendtner
Breitbandige Multifunktionsantennen für den konformen Einbau in Kraftfahrzeuge (2001)

Band 29 Dietmar Löffler
Breitbandige, zylinderkonforme Streifenleitungsantennen für den Einsatz in Kommunikation und Sensorik (2001)

Band 30 Xuemin Huang
Automatic Cell Planning for Mobile Network Design: Optimization Models and Algorithms (2001)

Band 31 Martin Fritzsche
Anwendung von Verfahren der Mustererkennung zur Detektion von Landminen mit Georadaren (2001)

Band 32 Siegfried Ginter
Selbstkonsistente Modellierung der Erhitzung von biologischem Gewebe durch hochintensiven Ultraschall (2002)

Band 33 Young Jin Park
Applications of Photonic Bandgap Structures with Arbitrary Surface Impedance to Luneburg Lenses for Automotive Radar (2002)

Band 34 Alexander Herschlein
Entwicklung numerischer Verfahren zur Feldberechnung konformer Antennen auf Oberflächen höherer Ordnung (2002)

Band 35 Ralph Schertlen
Mikrowellenprozessierung nanotechnologischer Strukturen am Beispiel von Zeolithen (2002)

Band 36 Jürgen von Hagen
Numerical Algorithms for the Solution of Linear Systems of Equations Arising in Computational Electromagnetics (2002)

Band 37 Ying Zhang
Artificial Perfect Magnetic Conductor and its Application to Antennas (2003)

Band 38 Thomas M. Schäfer
Experimentelle und simulative Analyse der Funkwellenausbreitung in Kliniken (2003)

Band 39 Christian Fischer
Multistatisches Radar zur Lokalisierung von Objekten im Boden (2003)

Band 40 Yan C. Venot
Entwicklung und Integration eines Nahbereichsradarsensorsystems bei 76,5 GHz (2004)

Band 41 Christian Waldschmidt
Systemtheoretische und experimentelle Charakterisierung integrierbarer Antennenarrays (2004)

Band 42 Marwan Younis
Digital Beam-Forming for high Resolution Wide Swath Real and Synthetic Aperture Radar (2004)

Band 43 Jürgen Maurer
Strahlenoptisches Kanalmodell für die Fahrzeug-Fahrzeug-Funkkommunikation (2005)

Band 44 Florian Pivit
Multiband-Aperturantennen für Basisstationsanwendungen in rekonfigurierbaren Mobilfunksystemen (2005)

Band 45 Sergey Sevskiy
Multidirektionale logarithmisch-periodische Indoor-Basisstationsantennen (2006)

Band 46 Martin Fritz
Entwurf einer breitbandigen Leistungsendstufe für den Mobilfunk in Low Temperature Cofired Ceramic (2006)

Band 47 Christiane Kuhnert
Systemanalyse von Mehrantennen-Frontends (MIMO) (2006)

Band 48 Marco Liebler
Modellierung der dynamischen Wechselwirkungen von hoch-intensiven Ultraschallfeldern mit Kavitationsblasen (2006)

Band 49 Thomas Dreyer
Systemmodellierung piezoelektrischer Sender zur Erzeugung hochintensiver Ultraschallimpulse für die medizinische Therapie (2006)

Band 50 Stephan Schulteis
Integration von Mehrantennensystemen in kleine mobile Geräte für multimediale Anwendungen (2007)

Band 51 Werner Sörgel
Charakterisierung von Antennen für die Ultra-Wideband-Technik (2007)

Band 52 Reiner Lenz
Hochpräzise, kalibrierte Transponder und Bodenempfänger für satellitengestützte SAR-Missionen (2007)

Band 53 Christoph Schwörer
Monolithisch integrierte HEMT-basierende Frequenzvervielfacher und Mischer oberhalb 100 GHz (2008)

Band 54 Karin Schuler
Intelligente Antennensysteme für Kraftfahrzeug-Nahbereichs-Radar-Sensorik (2007)

Band 55 Christian Römer
Slotted waveguide structures in phased array antennas (2008)

Fortführung als „Karlsruher Forschungsberichte aus dem Institut für Hochfrequenztechnik und Elektronik bei KIT Scientific Publishing (ISSN 1868-4696)

Karlsruher Forschungsberichte aus dem Institut für Hochfrequenztechnik und Elektronik
(ISSN 1868-4696)

Herausgeber: Prof. Dr.-Ing. Thomas Zwick

Band 55 Sandra Knörzer
Funkkanalmodellierung für OFDM-Kommunikationssysteme bei Hochgeschwindigkeitszügen (2009)
ISBN 978-3-86644-361-7

Band 56 Thomas Fügen
Richtungsaufgelöste Kanalmodellierung und Systemstudien für Mehrantennensysteme in urbanen Gebieten (2009)
ISBN 978-3-86644-420-1

Band 57 Elena Pancera
Strategies for Time Domain Characterization of UWB Components and Systems (2009)
ISBN 978-3-86644-417-1

Band 58 Jens Timmermann
Systemanalyse und Optimierung der Ultrabreitband-Übertragung (2010)
ISBN 978-3-86644-460-7

Band 59 Juan Pontes
Analysis and Design of Multiple Element Antennas for Urban Communication (2010)
ISBN 978-3-86644-513-0

Band 60 Andreas Lambrecht
True-Time-Delay Beamforming für ultrabreitbandige Systeme hoher Leistung (2010)
ISBN 978-3-86644-522-2

Die Bände sind unter www.ksp.kit.edu als PDF frei verfügbar oder als Druckausgabe bestellbar.

Band 61 Grzegorz Adamiuk
Methoden zur Realisierung von dual-orthogonal, linear polarisierten Antennen für die UWB-Technik (2010)
ISBN 978-3-86644-573-4

Band 62 Jutta Kühn
AlGaN/GaN-HEMT Power Amplifiers with Optimized Power-Added Efficiency for X-Band Applications (2011)
ISBN 978-3-86644-615-1

Band 63 Małgorzata Janson
Hybride Funkkanalmodellierung für ultrabreitbandige MIMO-Systeme (2011)
ISBN 978-3-86644-639-7

Band 64 Mario Pauli
Dekontaminierung verseuchter Böden durch Mikrowellenheizung (2011)
ISBN 978-3-86644-696-0

Band 65 Thorsten Kayser
Feldtheoretische Modellierung der Materialprozessierung mit Mikrowellen im Durchlaufbetrieb (2011)
ISBN 978-3-86644-719-6

Band 66 Christian Andreas Sturm
Gemeinsame Realisierung von Radar-Sensorik und Funkkommunikation mit OFDM-Signalen (2012)
ISBN 978-3-86644-879-7

Band 67 Huaming Wu
Motion Compensation for Near-Range Synthetic Aperture Radar Applications (2012)
ISBN 978-3-86644-906-0

Band 68 Friederike Brendel
Millimeter-Wave Radio-over-Fiber Links based on Mode-Locked Laser Diodes (2013)
ISBN 978-3-86644-986-2

Band 69 Lars Reichardt
Methodik für den Entwurf von kapazitätsoptimierten Mehrantennensystemen am Fahrzeug (2013)
ISBN 978-3-7315-0047-6

Band 70 Stefan Beer
Methoden und Techniken zur Integration von 122 GHz Antennen in miniaturisierte Radarsensoren (2013)
ISBN 978-3-7315-0051-3

Band 71 Łukasz Zwirełło
Realization Limits of Impulse-Radio UWB Indoor Localization Systems (2013)
ISBN 978-3-7315-0114-5

Band 72 Xuyang Li
Body Matched Antennas for Microwave Medical Applications (2014)
ISBN 978-3-7315-0147-3

Band 73 Sebastian Diebold
Transistor- und Leitungsmodellierung zum Entwurf von monolithisch integrierten Leistungsverstärkern für den hohen Millimeterwellen-Frequenzbereich (2014)
ISBN 978-3-7315-0161-9

Band 74 Christian Rusch
Integrierte, planare Leckwellenantennen für 3D-Millimeterwellen-Radarsysteme basierend auf dem holografischen Prinzip (2014)
ISBN 978-3-7315-0234-0

Band 75 Marlene Harter
Dreidimensional bildgebendes Radarsystem mit digitaler Strahlformung für industrielle Anwendungen (2014)
ISBN 978-3-7315-0249-4

Band 76 Michael A. Baldauf
Abhängigkeit der Exposition von der Zellgröße beim Mobilfunk unter Gewährleistung der Versorgung (2015)
ISBN 978-3-7315-0308-8

Band 77 Alicja Ossowska
Highly Resolved Synthetic Aperture Radar with Beam Steering (2015)
ISBN 978-3-7315-0315-6

Band 78 Małgorzata Dominika Brzeska
RF Modelling and Characterization of Tyre Pressure Sensors and Vehicle Access Systems (2015)
ISBN 978-3-7315-0348-4

Band 79 Ulrich Lewark
Aktive Frequenzvervielfacher zur Signalerzeugung im Millimeter- und Submillimeterwellen Frequenzbereich (2015)
ISBN 978-3-7315-0354-5

Band 80 Kai-Philipp Walter Pahl
Distributed Transformers for Broadband Monolithic Millimeter-Wave Integrated Power Amplifiers (2015)
ISBN 978-3-7315-0409-2

Band 81 Serdal Ayhan
Hochgenaue radarbasierte Abstandsmessung mit geführter Wellenausbreitung (2016)
ISBN 978-3-7315-0433-7

Band 82 Yoke Leen Sit
MIMO OFDM Radar-Communication System with Mutual Interference Cancellation (2017)
ISBN 978-3-7315-0599-0

Band 83 Steffen Scherr
FMCW-Radarsignalverarbeitung zur Entfernungsmessung mit hoher Genauigkeit (2017)
ISBN 978-3-7315-0607-2

Band 84 Tom Schipper
Modellbasierte Analyse des Interferenzverhaltens von Kfz-Radaren (2017)
ISBN 978-3-7315-0639-3

Band 85 Malyhe Jalilvand
Application-Specific Broadband Antennas for Microwave Medical Imaging (2017)
ISBN 978-3-7315-0664-5

Band 86 Benjamin Göttel
Millimeterwellen On-Chip Antennensysteme für die Integration in SoC Applikationen (2017)
ISBN 978-3-7315-0667-6